U0038186

# Basic Renovation of Apartments

# Basic Renovation of Apartments

從選屋到裝潢，全方位基本法則＋收納訣竅，
打造個人風格＆舒適度兼具的住家改裝實用指南！

# 中古公寓
# 變身風格好宅的
# 基本法則

## Basic
## Renovation of
## Apartments

# CONTENTS

※本書部分內容是採用「はじめてのRe;Form」所刊登的文章，增加新採訪的內容，再編輯而成。年齡及家庭成員是採訪當時的資訊。很感謝採訪時協助我們的各個單位。

※平面圖內的省略記號，是L=客廳 D=餐廳 K=廚房 WIC=衣帽間 冷=冰箱 洗=洗衣機

## Part 4 打造居家舒適空間的技巧集





## Part 5 值得信賴的裝修公司選擇方式





## Column

### 室內裝潢建材&設備展示間

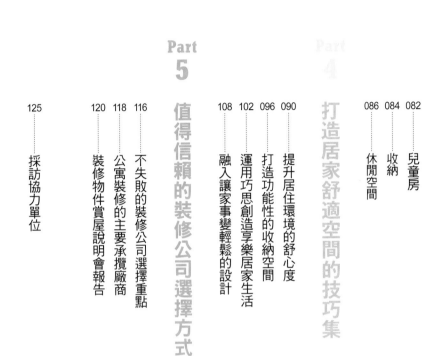

# Prologue

「改造中古公寓」
是打造個人風格居住空間的人氣選擇。
不只是將老舊的設備或裝潢翻新，
而是將原有格局變更為適合自己的生活方式，
藉此提升居住空間的機能及價值，
這才是**裝修**的精髓所在。
可以在想要居住的區域，
以相較於新成屋更划算的價格入手，
也是**中古公寓**的優點。
以裝修打造理想的居住環境，
改變每一天的生活品質，
如此美好的願景誰不想要呢？

# Part 1

# 首先，訂定計畫作好管控！「項目進度表」「選購住宅」「資金相關」

為了讓「中古公寓的改造」進行得更順利，
此章節歸納了事前必須注意的各項重點。
特別是選購房屋的好壞，
將是左右今後生活的重要因素，需要謹慎評估。

採訪協力／「スタイル工房」芝 サユリ小姐、於保誠之先生（P6～9、P20～25）、
「さくら事務所」山見陽一先生（P10～15）、「リノベる」（P16～19）、
「ライフアセットコンサルティング」菱田雅生先生（P26～29）

## 首先要著手處理的重點

# 公寓裝修的項目進度表

**先來確認中古公寓的裝修流程吧！將進度表分為「選購住宅」、「裝修」、「貸款」3個類別，個別條列出從籌備到入住為止的階段規劃。**

**START**

**入住6個月前**

從尋找物件到簽定房屋買賣契約，平均需要花費1～2個月的時間

## 選購住宅

### 考慮想要居住的區域

「想住在通勤方便的市中心」、「離車站有點距離也沒關係，希望是擁有較多綠地且安靜的地方」等，請根據自身最看重的環境需求及生活方式來考慮吧。倘限於特定區域或車站也是一種需求，但是若條件上多少有點「彈性」，尋找物件時的選擇也會比較多。

### 尋找中古公寓

決定想住的區域後，立即開始找房子吧。可以從網路、房屋情報誌、夾報傳單搜尋物件，或是直接前往房屋仲介公司，盡可能廣泛的收集大量情報。也能向房屋仲介提出以裝修為前提來尋找，並且提出預算範圍，若有符合條件的物件出現時請對方通知，或是直接諮詢當地的相關情報。

### 實地參觀&決定

篩選後若有中意的物件，就與房屋仲介的業務一起實地察看房屋。參考P15的看屋要點清單，除室內以外，周邊環境、公寓管理狀況之類的部分也要一併確認。若是可行，建議請裝修業者或設計師一起同行，確認構造上的限制或建築物的狀況等，如此可即時了解是否能按照預期的方案進行裝修。

## 裝修

### 建構出期望的住家想像圖

裝修企劃與室內裝潢的方向，就從整合家人們的期望開始著手！像是「盡量減少隔間的開放式空間」、「能夠搭配最喜歡的北歐風家具的格局」等，收集雜誌、網路上的圖片也很有用。

### 考慮裝修廠商

能盡早決定要委託的裝修廠商是最好不過。在先行決定合作對象的情況下，有不少案例都能在尋找房屋與規畫預算時獲得意見上的協助。依裝修公司而定，部分公司本身即設有不動產部門，可以一併委託介紹物件（裝修廠商的選擇法則詳見P116）。

### 商談裝修企劃

決定購買的房屋之後，就可以提出隔間、內部裝潢、想要使用的設備等需求，開始規畫裝修方案。若裝修費用需要貸款，貸款審查時也需要檢附裝修方案及報價單，方案只要確定到一個程度就可以請廠商報價，也方便進行預算的調整。

## 貸款

### 訂立資金計劃

首先以P26的計算公式算出總預算，考量只需要房屋貸款，或是還需要額外的裝修貸款。部分銀行可以將購屋款項與裝修費用一起合算成房屋貸款，請向平常往來的銀行或公司主要往來銀行詢問。提供一站式服務的裝修公司亦有協助資金規畫諮詢的服務。

## 提出購屋申請

確定要購買的房屋後，即可提出書面申請。在房屋仲介公司準備的「要約書」、「斡旋金契約」等書面文件寫上希望購入的金額，以及簽約、交屋的時間等條件。房屋仲介公司的業務即會以此為準，向賣家進行價格交涉。此階段屬於簽約前的預購，但仍有可能因反悔產生取消費用。

決定物件後，以開工為目標提出貸款申請書等。此期間預估約兩個月。

## 聽取不動產說明書的解說

購入住宅時，在正式買賣契約簽定前，房屋仲介公司需要向客戶說明建物相關的重要事項。「不動產說明」通常會與簽約在同一天舉行，記載內容多，要說明的重要事項也很多，當場要完全理解是有難度的。最好是可以與簽約時間分開，在不同時間舉行，或是預先看過影本內容。

**入住4個月前**

## 簽定不動產買賣契約

若銀行房貸的審核已經通過，即可與賣家簽定成屋買賣契約。這時就需要一併支付簽約款（約買賣總價款10％）及仲介手續費等必要金額，請仔細規畫預算。使用房貸購屋時，請確認合約是否有條列「貸款處理條款」。這是當貸款審核未通過或貸款金額不足時，得以限期解除買賣合約的條款。為了以防萬一，請務必確認。

**主要費用**

- 仲介手續費的50%
- 房屋成交價格屋款10%（頭期款）

**〈必備文件〉**

- 印章
- 登記名義人身分資料（身分證、戶籍謄本等）

## 用印

在簽定不動產買賣契約的同時或三天內，於申報稅賦的各項文件上用印，包含：登記申請書、土地、建築改良物買賣移轉契約書、土地現值申報書、契稅申報書。

**主要費用**

- 印花稅
- 房屋成交價格屋款約10%（備證款）
- 代書預收代繳稅費、規費

**〈必備文件〉**

- 登記名義人身分證正本
- 印章
- 買賣契約書

## 申請房屋貸款與不動產鑑價

提出購屋申請後，即可向銀行、信用合作社等金融機關提出貸款申請與不動產鑑價。除了貸款申請書還需要準備財力證明文件。審核時會依據申請者的償債能力及信用記錄、不動產鑑價報告等，確認核貸額度。視情況而定，中古屋貸款成數可能會未達七成。買屋合併裝修費用一起申請的貸款，需附上工程報價單或工程承攬契約影本，必須在此之前先決定裝修方案。

**〈必備文件〉**

- 房屋貸款申請書
- 印章
- 借款人與保證人身分證影本
- 第二身分證明文件（駕照、護照、健保等卡）
- 所得證明文件（薪資收入者檢附年度扣繳憑單，自營商檢附個人年度所得申報書及營業稅單）等
- 買賣契約書影本
- 土地登記謄本
- 建物登記謄本

## 購買建物

**主要費用**

- 簽訂設計委託契約與簽約金
- 簽訂裝修工程承攬契約並支付工程總價款約30%
- 房屋成交價格屋款約10%（完稅款）
- 貸款不足七成的其餘自備款，也需在過戶前付清。

### 完稅

合約用印後一個月內，買方需要向建物所在地的稅捐單位申報契稅。契稅計算公式為：申報契稅金額（當年度房屋現值）×契稅種類適用稅率（買賣為6%），即為應納稅額。現行規定需繳清上一年度的地價稅與房屋稅等稅款，方可過戶。

**〈必備文件〉**

- 買賣契約書
- 登記名義人印章

**主要費用**

- 保險費用
- 抵押權設定地政規費（代書預收）

**〈必備文件〉**

- 土地登記申請書
- 登記名義人身分證明文件（身分證影本或戶口名簿影本）
- 登記名義人印章
- 土地、建物所有權狀
- 土地及建築改良物所有權買賣移轉契約書正、副本（正本黏貼印花）
- 土地增值稅、契稅繳款書或免稅證明書第2聯（黏貼於副本）

### 過戶

完稅後即可向建物所在的地政事務所辦理買賣所有權移轉登記（產權過戶），需繳納的行政規費包括：土地權利變更登記規費、建物權利變更登記規費及書狀費。

## 裝修

### 簽定設計委託契約。工程承攬契約

確定最終方案及工程報價後，進行契約簽定。屋主與工程承攬業者兩方在契約書上署名蓋章，簽定「工程承攬契約」。包含室內裝修設計時，同時簽定設計委託契約。設計費、工程費用通常會在開工或完工時分次付款，請事先確認付款的時間點與金額。也要確認付款時貸款是否已撥款。

## 貸款

### 簽定房屋貸款契約與對保

金融機關在進行不動產鑑價與內部徵信等審核後，若核准貸款案件，就會設定貸款人申貸物件的抵押權，並核定出貸款金額、利率、還款年限等。而借款人也同意貸款條件，房貸專員就會與貸款人約定對保（簽定借款契約）時間，借款人與保證人必須親自前往銀行對保。如果核貸金額與條件不符預期，可在原銀行重新申覆，或另找銀行重新評估，但是要注意交屋時限的問題。

對保時會說明貸款條件，請注意並仔細確認借款總金額是否正確、借款利率與利率可能出現的變動、償還方式與年限、貸款方案的附加功能是否清楚（理財型、抵利型等），以及違約金相關事項。由於條目繁雜，建議事先向銀行索取合約，善用契約審閱期詳細了解。簽約時可加蓋騎縫章，為契約內容加上一層保障。若是在借款銀行沒有帳戶，簽約時就會一併進行開戶手續，作為日後撥款與還款的戶頭。

**〈必備文件〉**

- 借款人與保證人身分證正本
- 借款人與保證人第二身分證明文件（駕照、健保卡等）
- 印章

**〈必備文件〉**

- 土地登記申請書
- 抵押權設定契約書兩份
- 申請人身分證明文件（身分證影本或戶口名簿影本）
- 申請人印鑑證明（無法親自到場時檢附）
- 土地、建物所有權狀或其他權利證明書

### 抵押權設定

撥款前還需處理申貸建物的抵押權設定，與強制投保的火險、地震險保單等程序。抵押權需在簽約一個月內至地政事務所辦理設定，設定金額為貸款金額的1.2倍，同時依設定金額繳交千分之一的地政規費。如借款五〇〇萬，則地政規費應付六仟元。這部分通常委請代書（地政士）處理，保費則是由借款人負擔，直到貸款還清為止。接下來等待金融機關撥款至指定帳戶就完成了。

### 主要費用

- ●房屋成交價格屋款約70%（尾款／貸款）
- ●房屋仲介手續費（50%）
- ●代書費

## 交屋

## 貸款撥款。結清尾款

集結核准貸款的金融機關、建物的買方、賣方、房屋仲介業務及代書，同時間進行各項手續的時期。委託代書進行購買建物的所有權轉移登記，收取金融機關的撥款，結清物件尾款與交付鑰匙。手續完成的同時，也開始支付房屋貸款。購買中古屋裝修的話，在工程結束前，還需負擔現在的房租，會持續兩邊的開銷，在交屋後盡早開工吧！

## 拜訪鄰居。向管理委員會提出申請

即使工期很短，工程的噪音與建材搬運時的出入不便，多少都會為鄰居帶來困擾。建議在工程開始前的一至兩週前，拜訪同層及上下樓層的鄰居家致意，告知工程內容及期間。再向社區管理委員會提出申請，使其了解工程會影響到的噪音、臨時占用電梯、公共走道等情況。

### 主要費用

- ●裝修工程總價款約30%

**入住前兩個月**

開工到完工的時間大約是2個月。若是整間毛胚屋重新裝修，則需要花費約3至4個月的時間。

## 裝修開工

根據裝修規模，施工期間若有拆除等音量較大的工程，必須注意施工時間，遵循法規與管理委員會的限制（平日8～18點之類），依管委會而定，作業時間也有延長的可能性，請事先確認大樓規範。另外，翻新過程中要是發現必須補強修繕之處，因而需要追加工程的情況，在確認追加費用及工期之後，也要留下書面記錄。

### 主要費用

- ●裝修工程總價款約10%（尾款）

## 裝修完成。驗收

無論是階段性的工程驗收，還是竣工後的總驗收，都必須仔細而確實，避免日後糾紛。除了確認是否有依照圖面施工，亦可依照報價單逐項驗收，以相機記錄或便利貼標示有問題的地方，再與設計師或工班一起驗看，商討解決方式和責任歸屬。驗收有問題之處，一定要處理完成再簽定驗收單與結清尾款。請記得確認工程保固期間的負責人聯絡方式；裝修內含家電設備的使用方法、維護方式；工程和家電設備的保證書等。也有裝修公司會委託第三公證單位來進行竣工檢查及擔保制度。

### 主要費用

- ●搬家費
- ●家具、家電購買費用
- ●管理費、修繕預備金

**GOAL**

## 搬家。入住

恭喜搬入新家！要記得規畫每年固定花費的房屋稅、地價稅等相關費用。入住後不妨以三個月、一年為標準，檢視工程是否有狀況，或設備是否有使用不良等問題，盡量在提供售後服務的保固期間處理。

公寓裝修最初的難關在這裡！

# 不失敗的<br>中古物件挑選訣竅

**選購中古公寓時會令人感到不安之處，在於耐震性、耐久性、作為資產的價值等因素。在此彙集了以老屋翻新為前提，選擇購買中古公寓時必須注意的要點，後半的問題集更是不可錯過！**

## 訣竅 01
## 與專業人士一起實地考察聽取必要的建議

中古建物的狀態好壞，非專業人士實在很難分辨。即使室內看起來美輪美奐，也可能隱藏著管線老舊必須全部更換，或牆內及天花板的隔熱材料不足等看不見的問題。這種情況，就會變成原本只打算更換室內裝潢與廚衛之類的設備，卻不得不破壞地板或牆面，進行全面翻新的大工程。

為了避免這種情況發生，實地考察物件時，建議與裝修方面的專業人士一起同行。因此，不是買屋後再找尋委託廠商，而是先決定委託施工的廠商，從挑選物件就一起討論是最好不過。抑或是，委託協助找尋物件的第三方機構，幫忙確認不動產買賣契約書，詢問資金計畫建議等。

## 訣竅 02
## 務必查詢竣工年份建設公司&營造商可接受再購買

診斷公寓耐震能力的檢測所費不貲，個人委託幾乎是不可能的事。更遺憾的是，耐震補強並非單獨一戶能夠進行的工程。

但是，近年來層出不窮的大地震，使得政府機關開始注重老屋的耐震能力。也有部分公寓管委會委請結構工程技師單位，調查整體建築的耐震性。這方面的安檢資訊，只要跟管理委員會詢問就能得知結果。

另一方面，公寓大樓的竣工年份亦可作為選擇建物的標準基準。一九九九年九二一地震後，重新制定了耐震設計標準，並於次年開始實施。只要確認建築物的建造或申請日期在二〇〇〇年一月一日以後，就符合國家所規定的耐震基準。而在一九九九年十二月三十一日前取得建照的住宅，就符合國家定義的老屋。事先調查推出建案的建設公司與承攬工程的營造商規模、實績等，也會比較安心。

## 訣竅 03
## 不只考慮房價 而是以「想住到何時」為基準

屋齡高的公寓大樓，最大的魅力就是較低的價格。其中更是有不少年輕家庭，以裝修為前提購買了四十年以上老屋的案例。

一般公寓的年限大約是50至60年。退休後的夫妻可以思考「之後會再住十年左右」，但如果是30幾歲的年輕家庭，必須要思考的是，選擇未來要住數十年的建物。如此一來，或許會比想像中更早面對建築物老朽的問題。

若有規畫未來換屋的計畫就不成問題。好好思考「想要住到何時」是很重要的。不單只是考慮房屋價格，以長遠的眼光來選擇住宅才是明智的作法。

## 訣竅 04
## 確認公寓結構 是否能達成 期望的 裝修需求

依建築物的結構不同，會限制翻修公寓能夠進行的工程，產生可能達成的設計與無法達成的更動。中高樓層的公寓大廈大多採用「框架結構」，主要是以柱和梁作為承重結構來支撐建築物，隔間牆能全部打掉，想進行毛胚屋裝修也可以。低樓層的公寓則大多採用「磚混結構」、「鋼筋混凝土構造」，是以牆壁與樓板的面來支撐建築物，屋內有不能打掉的牆面。要是有「想要打掉隔間牆連通各房間」、「希望能進行毛胚屋裝修，改變所有格局」的需求，必須事先確認建物結構是否能進行這樣的工程。

另一項需要確認的是，地板下的構造。一般來說，公寓地板下方會鋪設排水管，並且設置傾斜度讓水順暢流動。確保排水傾斜度，水流才會比較順暢。而排水管位於下方樓層天花板上方的老公寓，要進行管線移動工程是有困難的。地板下方空間狹小導致沒有足夠斜度的情況，只能將室內地板加高，再來作下方的配管。

### 大樓的排水管

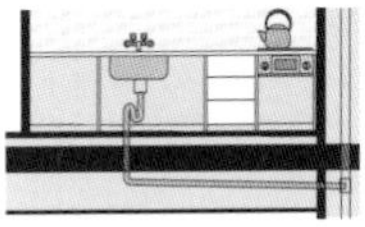

老舊公寓排水管如果位於下一樓層的天花板內部，管線就不便移動。

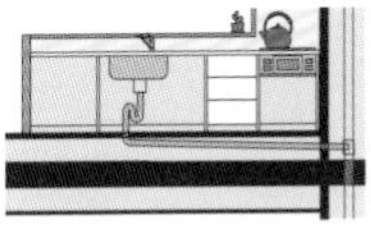

一般公寓的排水管位於地板下方。空間較大，管線也方便變更移動。

### 代表性的公寓大廈建造工法

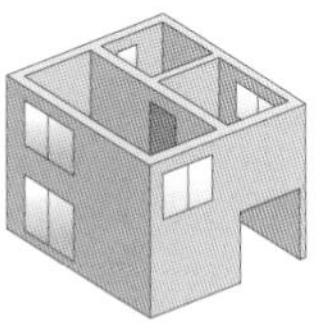

**磚混結構**

以牆壁、樓板、剪力牆等「面」的結構來支撐建築物。隔間牆作為承重的主結構，在裝修上會有所限制。

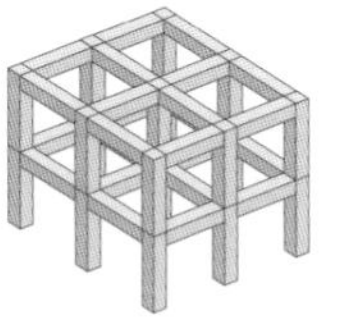

**框架結構**

以柱和梁的組合作為承重結構支撐建築物。室內隔間牆幾乎都可以變更移動，裝修的自由度也比較高。

## 訣竅05 事前確認大樓管委會規範是否會影響裝修的自由度

除了房屋結構之外，各個公寓大廈管理委員會制定的規範，也可能大幅影響裝修工程的內容。除了公共空間的使用規定與垃圾處理規則外，還有針對外觀與室內的裝修相關規定，務必請管委會提供相關規範內容作為參考。

有些公寓格外重視隔音功能，因而限制了使用的裝潢素材，使得地板只能鋪設地毯的案例。想要進行地面鋪設工程，就需要特別注意這方面。一般而言，公寓大樓外觀相關的部分（大門、窗扇、陽台扶手等），亦有不可變更的規定。

允許進行工事的時間段，包括每週可施工天數，也要事先確認，規定嚴格的公寓有可能會使工期大幅延長。

## 訣竅06 熱水器 配電箱最高電量 空調洗洞等 居家設備的 相關細節 也要確認

舊公寓的熱水器製熱能力多半只到16L，電流在30安培左右。為了符合現今生活需求，必須升級設備的情況下，就一定要事先確認以準備預算。

若廚房與浴室會同時使用熱水，熱水器的製熱能力最好要有20L。要設置電流量大的洗碗機、IH調理爐等電器時，除了需要設置單獨的電氣迴路，也要評估配電箱的負載能力，以及確認配電盤是否有預留的斷路器。最高電量確定不敷使用時，就必須向台電申請加大總電流量。

冷暖空調的設置條件，對入住後的居家生活也有相當大的影響。安裝空調的壁面必須洗洞連通室外機，室外主機也需要擁有足夠的設置空間。壁面洗洞與室外機該放置何處為宜，最好先與社區管理委員會確認，比較令人安心。

# 購屋後常見的問題集

這些問題，都是以客觀立場來協助客戶
選擇房屋的「さくら事務所」，
實際上發生的例子。
為了防範未然，
在此介紹需要注意的重點。

## Case 01

**償還貸款負擔已經很重了入住之後還增加了公共維修費用！**

**【預防對策】**
**向管理公司確認，最後的修繕工事是何時進行的。**

大部分的人在購買房屋前，都會確認公寓的管理費及公共基金，但是卻容易遺漏過去的定期維護和修繕工程記錄。如果距離最後一次的修繕工程已有一段時間，接下來可能會出現近期需要進行工程，增加臨時支出的分攤費用。

不光是修繕費用的問題，是否定期進行維修保養，也是購買建物時重要的考慮因素。間隔多久會進行什麼樣的修繕，亦會深深影響建築物的耐久性與居住的舒適度。未來預計要出售的話，也會影響資產價值。除了請管理公司提供修繕記錄之外，委託專業的建築物調查公司確認外牆及公共空間的狀態也是很重要的。

## Case 02

**入住後出現壁癌或結露的狀況！裝修時該如何作出預防對策才好呢……**

**【預防對策】**
**「現況交屋」的物件能夠事先得知建築物的不足與缺點，這樣的條件反而有利。**

許多待售的中古公寓房屋都是「已裝修完成」的狀態。也就是內部裝潢及設備皆煥然一新，才準備賣出。雖然看起來漂亮，印象也很好，卻有著看不見物件不足之處的缺點。

相反的，直接呈現前屋主搬遷後的原樣，也就是「現況交屋」的物件，或許看房時屋內老舊的裝潢及設備會讓印象不太好。但是，因為可以清楚了解房屋耗損的真實狀況，反而能知道屋況的不足在哪裡。

舉例來說，濕氣重的房屋裝修後貼了新的壁紙，所以不容易發現真實狀況。而現況交屋的物件，牆壁會留下結露及霉斑的痕跡。只有了解實際屋況，才能評估需要補強的地方與措施，例如加裝通風用的窗戶，或使用具有調節濕氣效果的室內建材等，透過裝修來達到防範未然。實地考察屋況時不要有「這麼髒沒關係嗎？」的想法，請務必善用這個優點來制定裝修計畫。

## Case 03

## 問題鄰居與噪音等等的糾紛入住後的煩惱層出不窮……

**【預防對策】透過公共空間及公告欄訊息，了解公寓大樓的整體氛圍。**

與公寓鄰居們的人際關係，是裝修無法改善的問題，而且十分影響居住的舒適度。雖然實際入住前無法了解的情況很多，但實地前往看屋時，還是可以盡可能的收集情報。

首先不妨觀察公共空間的狀態當作參考指標。注意垃圾集中場、停車場、大門入口、電梯、公共走廊的使用狀態，就能概略知道住戶們的習慣。再來要確認入口處的公告欄。藉由管理委員會發出的通知、理事會的會議記錄等，可以了解管理的完善程度。同時也要確認是否有申訴或問題住戶的相關告示。如在看房時遇到住戶，試著打聲招呼，詢問一下居住環境的狀況吧！

## Case 04

## 大膽新奇的裝修之後換屋時卻發現找不到買家……

**【預防對策】以期望的裝修風格為優先，但也別忘了對資產價值的影響。**

對於即將購入公寓的人而言，不會考慮到日後換屋的事情，也是理所當然的。裝修上必然是選擇符合自己期待的方案，但是將來有換屋的計劃時，就必須一併考量賣屋的市場需求。

最容易找到買主，且價格不容易下跌的房型，是2LDK（2房2廳）或3LDK（3房2廳）的家庭式格局。除了水路管線不變，卻將整個空間改裝成開放式套房之類，這種特殊格局的需求人數較少，因此不容易尋找到買家。此外，便利性也會大幅影響資產價值。離車站遠的物件雖然便宜，但賣屋時也可能無法達到期望價格，或找不到買主。當然，選擇購屋當下力所能及的範圍是最重要的，只是也要考慮年紀增加以後的狀況，或許「離車站徒步20分鐘」的物件就有再細想的空間。

※LDK分別為客廳Living Room、餐廳Dining Room 和廚房Kitchen 的縮寫。

# 看屋時要注意的重點

**公寓是否有老舊朽壞的問題？管理是否完善？**
**將需要評估的問題列出清單一一確認。**
**能夠在專業人士的陪同下給予建議當然最好，但自己的親眼判斷也很重要。**

**【陽台、露台、玄關】**

- □ 外牆的裂縫、剝落、水痕、變色
- □ 填縫劑的裂縫、剝落
- □ 地板的裂縫、翹曲、膨脹變形、冒出雜草
- □ 排水口的鏽蝕、錯位、異物堵塞
- □ 扶手的朽壞鏽蝕
- □ 玻璃的裂縫
- □ 排水管的變形、破損、錯位、變色
- □ 配管・配線部分的空隙
- □ 各類錶箱的損壞、鏽蝕

**【室內裝潢】**

- □ 牆壁、柱子、梁的表面剝落（是否受濕氣等因素造成）、裂縫、腐蝕、發霉、水痕
- □ 地板的裂縫、剝落、腐蝕、發霉、異音、凹陷
- □ 天花板的裂縫、腐蝕、壁癌、水痕、天花隔間（如浴室維修口）
- □ 水泥表面的裂縫、漏水、壁癌

**【衛浴設備】**

- □ 給水管的材質
- □ 給水的水量不足、水的變色
- □ 熱水器的漏水痕跡
- □ 排水管堵塞、排水不良、漏水
- □ 換氣扇的換氣量不足、運轉不順、異音、換氣管線破損
- □ 有無火災警報器

**【其他】**

- □ 翻修的難易度（地板施工工法、天花板施工工法、排水管的位置）
- □ 防盜措施（玄關門鎖的數量、窗戶鎖樣式、玻璃規格）
- □ 安全措施（有跌落風險的窗欄）
- □ 窗戶的隔熱性
- □ 是否可設置空調
- □ 電流容量
- □ 斷路器不易短路的程度（配電盤的迴路分配、是否有空調專用迴路）
- □ 電梯、大樓門廳、垃圾場、停車場、腳踏車停車場等空間的清潔程度

## 消除選擇物件＆看屋的不安感！

# 中古公寓
# 賞屋之旅參觀報告

**不失敗的中古公寓挑選法。部分裝修公司**
**不但會提供仲介中古公寓建物的服務，**
**甚至還有「實屋參觀行程」。一起來看看參觀行程的記錄吧！**

1

**在樣品屋揭開說明會的序幕！**

2

1.「リノべる。」的樣品屋位於屋齡38年的公寓2樓。　2.此次的參加者共5組9位。大家對於「翻修中古屋」都非常有興趣。出發前，先了解量身打造的裝修魅力，以及參訪物件的概要說明。

### 本次參觀行程表

**13:00** 在「リノべる。」的樣品屋（東京・千馱ヶ谷）集合。進行參觀物件的概要說明。

**13:30** 乘坐巴士移動。

**14:00** 參觀第一間房屋。結束後乘坐巴士移動。

**15:00** 參觀第二間房屋。結束後乘坐巴士回到樣品屋。

**16:00** 參觀樣品屋＆個別諮詢（依個人需求）後，解散。

**搭乘包車巴士出發嘍！**

一起搭乘巴士出發。能看到什麼樣的房屋呢？大家帶著期待的心情，在車上聆聽導覽工作人員針對物件進行的補充說明。

### 專業人士隨行帶來的安心感是此類行程最大的魅力

本次的採訪對象是裝修公司「リノべる。」舉辦的中古屋實地參觀行程。該公司認為「正因為裝修可以自由打造『內在空間』。因此，作為能自由發揮的『盒子』更是重要。」於是積極舉辦類似本次活動的賞屋之旅行程。

雖然只要前去房屋仲介公司詢問，就能看到很多感到中意的物件。但是也會產生「認真來說，這真的是個好物件嗎？」、「有什麼地方是看房必看的呢？」諸如此類的各種不安。像這樣有裝修專業人士一起同行，一天內能考察數個嚴選物件的行程，反而令人安心且有效率。附近若有舉辦這類行程的公司，的確有參加的價值。

### 物件DATA

所在地／世田谷區
交通／最近車站徒步4分鐘
屋齡／42年
室內面積／64.80m$^2$
樓層數／7樓建築的5樓某戶

4

3.此公寓曾於2014年12月進行耐震補強工程，於是從外觀確認補強建材。
4.在公寓門廳確認信箱＆公告欄的狀況，以及電梯＆監視錄影器等設備。
5.抵達參觀該戶房屋前，自然而然也觀察了同樓層其他住戶的狀況。

5

抵達
第一間公寓！
3

進入室內
參觀正在進行
拆除工程的房屋

進到室內大家都嚇了一跳！屋主說正在進行提高成交率的房屋裝修工程。當然也接受買屋的預約。

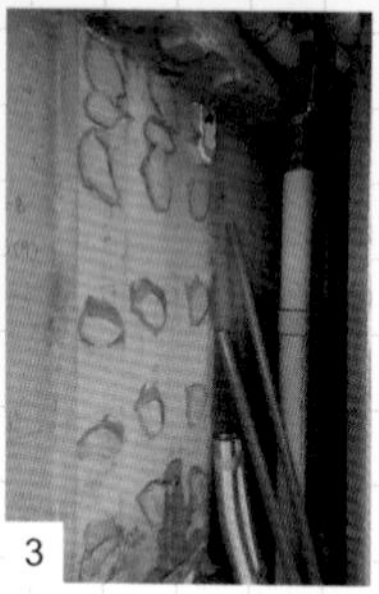

1.因為參觀物件正在進行拆除工程，得以確認本來看不到的房屋結構部分。卸下牆板及天花板的狀態令人感到震撼！也更容易了解公寓的構造。工作人員提醒道「即使裝修也無法改變的『窗景』也需要確認。」 2.因為有工作人員隨行，疑問能立刻得到解答。撕下老舊壁紙的梁上有著圖案般的斑紋，是那接著劑的痕跡。 3.圖面上標記的「PS」是指管線空間。這也是原本無法看到的部分。 4.建物主結構、配管空間、底漆與部分地板構造（雙層地板）也一目瞭然。

## 第2間
## 實地參觀開始！

### 物件DATA

所在地／世田谷區
交通／最近車站徒步5分鐘
屋齡／35年
室內面積／58.80m²
樓層數／10樓建築的8樓某戶

5.結束第1間的參觀後，再次搭上巴士前往第2間。這裡也確認了公寓門廳的公共空間。 6.開始參觀第2間！仔細觀察了無法變動的公用走廊及玄關大門等部分。 7.一進門風格驟變，是內部裝修已完成的房子。這個區域多為單身租賃住宅，因此工作人員說這間約60平方公尺，適合家庭居住的房屋是「稀有物件」。

可以活用於
裝修的
美麗裝潢！
8

8.曾於2010年夏天與2016年春天進行翻修，室內非常漂亮。朝南的格局採光很好。由於大家會同時看到物件實際資訊，遇到內心覺得「就是這裡！」的房屋時，請盡快決定才是上策。 9.與個人看屋不同，房仲業務不會一直跟著你……可以很自在地隨意參觀。10.11.廚房及衣櫥拉門在2010年更新過，可以根據裝修項目，選擇直接使用。 12.前方沒有高層建築物，從陽台眺望的景色很棒。

10

9

12

11

## 結束參觀！搭乘巴士返回樣品屋

順利參觀了兩間房屋。與其抱著不安在眾多物件裡挑選，不妨從參加這樣的行程開始，先培養看房的眼光比較令人安心。請務必詢問看看附設不動產部門的裝修公司，是否有這樣的企劃。

攝影／佐山裕子（主婦之友社攝影課）

※「リノべる。」的寶石之選Tour，詳細資訊請見官方網站www.renoveru.jp

## 關鍵在於如何達成預算的平衡！

# 裝修方案與預算的考量

**確定購入要翻修的房屋後，就可以開始討論裝修方案嘍！**
**以下介紹如何在有限的預算內，打造出理想居住空間的重點須知。**

### Point 01
### 向委託廠商清楚地表明裝修預算

負責裝修的設計師會去思考如何活用屋主的預算，作出最有效率的方案。因此，在討論時傳達「真正可運用的預算」很重要。

有實際準備了五百萬日圓的資金，「因為到時候一定會不夠」而跟設計師說四百萬元的例子。也有以預算五百萬日圓來進行裝修方案，實際上卻包含家具費用，工程只能使用四百萬日圓的例子。這兩個例子都是走向與最初設定預算不同的方案，反而可能讓原本想達成的條件無法完成。

住家的裝修方案是由許多要素綜合而成，在其中一邊取得平衡一邊進行建構。從一開始就清楚地傳達需求以及預算，是取得最佳方案的捷徑。

（右）裝修時將門窗改換成容易更新零件的類型。使用嵌入玻璃的古董門，為空間增添古典氣息。
（左）容易整理維護的系統廚具與木紋磁磚，打造出兼具功能性與設計感的組合。

# CHECK! 公寓翻修「辦得到的事」

公寓有著屋主也無法變動的「公共空間」，在此整理了翻修能作與不能作的工程。

### 天花板

○ 結構體內側可以自由裝修，依室內裝潢變更即可。

△ 若原本為吊頂天花板，可以視需求拆除，增加室內空間高度。

### 隔間牆

○ 可以變換壁紙等內部裝潢。

△ 可以打掉或移動以調整室內格局。但是不可無法打掉作為房屋主結構的承重牆。

### 窗扇

○ 可以加裝內窗，形成雙層窗。

△ 可能無法替換整個窗扇。依管委會規定，也有只能更換玻璃部分的案例。

### 陽台

○ 只要不固定於地面及外牆上，就可以設置不妨礙緊急逃生路線的裝潢（戶外木地板等）。

× 不能加裝欄杆或扶手。

### 配電

○ 可以移動及增設插座或照明器具。

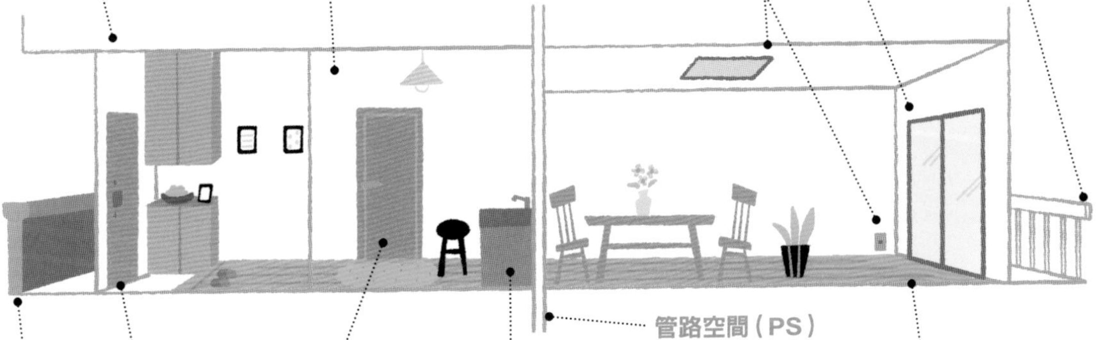

### 管路空間（PS）

× 與上下樓層共用，所以無法移動。

### 玄關大門

○ 可更換大門內側的塗裝及門鎖。

× 視管委會規定，大門可能無法更換。

### 室內門・門窗

○ 可以更換室內門及收納空間的門窗等。

### 給排水設備

○ 
- 廚房、浴室、廁所的設備可自由變更。
- 可移動廚房、浴室的位置。
- 可在取得排水管角度的範圍內移動排水管。

△ 廁所的排水管可以小範圍地移動。

### 地板

△ 符合管委會規定的變更。

### 壁龕・門廊・走廊

× 公用部分，無法變更。

## Point 02
## 暫且無視預算 提出所有的期望要件

與設計師討論時，大膽說出希望實現的所有裝修要求吧！「以這樣的預算想必無法達成吧！」抱持這種想法而卻步的人肯定不少，但是正如前所述，裝修方案需要考慮各要素的平衡點來定案。提出全部的要求後，與專業人士一起思考優先順序，再來進行取捨即可。

在傳達期望要求時，務必說明「為什麼想這樣作」。即使預算上無法作到原本預定的樣式，或許可以採用別的方法來達成。舉例來說，即使是不改變隔間的毛胚屋裝修，也可以打造出理想的居住空間；或許不使用期望的建材也能完成想像中的裝潢。清楚表達根本的想法與目的，裝修方案的可能性也會大幅增加喔！

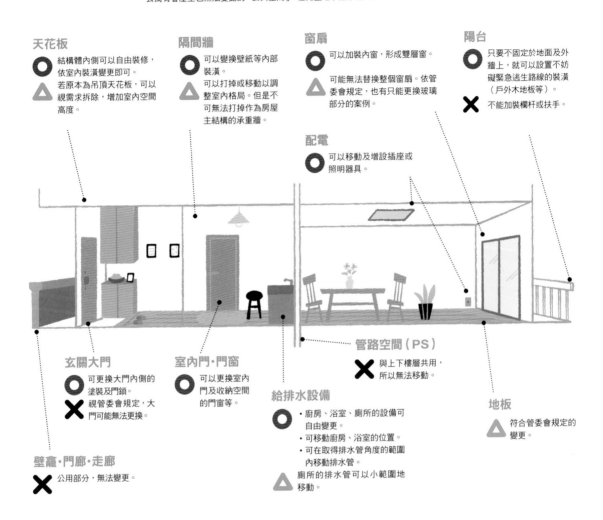

## Point 03

## 日後難以變更的工程要列為最優先進行

在有限的預算內排列需求的先後順序時，建議將困難工程的順位優先。像是移動水路管線、拆除或改變隔間牆、打除內壁添補材料來加強房屋的隔熱或隔音性能等，這類規模大的工程列為最優先。地板的改換更新也是，日後才決定將會變成大工程，一開始就先選出喜歡的建材才是明智的作法。

另一方面，廁所馬桶、洗臉台、廚櫃等機器設施，由於更換較為簡單，超出預算時，不妨重新思考先以其他等級的型號來取代。牆面的裝修較地板工程簡單，可以先使用便宜的壁紙或塗料，等到手頭寬裕時再改換較高價的素材或石材等。量身打造的木作收納櫃也是高成本家具，可先使用市售家具，之後再依個人喜好的設計來訂製。

強調天然素材，以原木無垢地板及珪藻土牆壁等，打造出自然氛圍的空間。

## Point 04

## 影響居住舒適度的部分不要節省成本

要達成溫暖、涼爽、明亮的居住基本條件，必然需要花費成本。即使裝潢或家飾布置得很漂亮，也不代表能夠舒適地生活著。特別是屋齡老舊的公寓，除了隔熱之外，採光、通風、防水、隔音等設計，都要清楚地規畫出預算。

隔熱不佳或通風不良的房屋，不但冷暖氣成本增加，結露反潮也會造成建築物損傷，最壞的情況還會發霉，導致影響家人的健康。請討論是否需要追加隔熱材料、設置內窗扇（雙層窗）、房間之間設計室內窗等改善方式。

室內窗能讓照射不到自然光的房間明亮起來。雖然支撐建築物的結構承重牆不能打洞，但其他的隔間牆都可以設置。

在原本的廚房格局前，加上一座貼上磚裝飾的櫃檯，如此就完成了低成本的理想設計。

Point 05

## 積極活用 可直接使用 或是能夠保留的物品

與從零到有的新成屋不同，翻修必定會有原本的格局（房間）。發揮原有設計的優點，也是節省成本的祕訣。不一定要將房屋內裝全部拆除重新裝潢，而是將能夠利用的部分加以使用。

像是若不限於完全翻新，留下一、二個原有格局的房間，工程成本就會大幅減少。很想進行改變，亦可試著藉由室內裝潢打造出喜歡的風格。雖然是同一間房間，但是給人的印象卻能截然不同。門窗也可以留下再利用，保留房間、衛浴原本的門，以油漆等方法改變空間氛圍，能夠減少購買門窗及安裝的裝潢成本。

Point 06

## 若是 已重新裝修的 中古公寓 先住在說 也是一種選擇

出售中的中古公寓有很多是「已裝修完成」的狀態。即使風格不符喜好，但因為可以直接入住，所以應該有不少人覺得「全新沒用過就要拆掉，真是浪費啊！」

在此希望大家思考的是，購入房屋後暫且不進行裝修，先照現況格局直接入住。實際住個一至二年，從日常生活中歸納出「這個動線不方便想要改造」、「想要改善這個房間的通風」等翻修重點，再將這些要求加入裝修方案中。當然，在入住前完成改裝工程只需要搬一次家，也不會有暫時直接入住的不便。要如何決定優先順序就看個人想法，在計畫翻修前請務必仔細考量。

## Point 07

## 不指定設備品牌 亦能控制成本支出

廚房及衛浴系統設備、機器的選擇，也會大幅影響成本控制。若是相較之下更想要壓低費用，可以放寬設計性及功能性的標準，那麼從施工公司推薦的設備中選擇是最好不過。施工公司都有習慣往來交易的廠商，能夠壓低進貨成本，購入較市面售價便宜的產品。

如果已經決定想要裝置的設備，亦可採用自行詢價、採購便宜商品，由「屋主提供」再委請師傅安裝的方式。但是確認有無送錯產品型號、安裝必要零件是否齊全、現場收貨等，都是屋主需自行負擔的責任。要仔細且小心地進行採購，避免下錯訂單而延誤工期。

不必花大錢也能訂製洗面台。由木作打造簡單的台面，再活用市售籃子進行收納。

## Point 08

## 自己動手DIY 來減低 施工費用 也是一個選項

部分室內裝潢由自己DIY，也能有效地縮減成本。只需購買工具及材料，就能節省人工作業費用（油漆或木作師傅的工資）。不妨試著參加建材廠商等教室舉辦的體驗課程，試著挑戰看看吧！

新手也能簡單完成牆壁及門窗等處的上漆。交屋後由家人同心協力，慢慢享受DIY樂趣的情況也很多，也有人進一步挑戰塗刷珪藻土或貼磁磚。無論如何，牆壁的打底、整平對一般人而言是困難的，這部分還是交由專業人士處理會比較安心。

組裝櫥櫃或製作簡單的電視櫃等，都是可以輕鬆挑戰的DIY項目。與裝修公司或施工公司的師傅討論，可以得到有用的建議喔！

# 這樣的預算能夠作什麼？以預算分類・工程內容的標準

**可以進行什麼樣的工程，或是需要花費多少成本，**
**由於一般人大多沒有這方面的概念。**
**此處以大概的金額分類，歸納出可以進行的工程內容。**

※ 房屋室內面積70m$^2$(21坪)左右的公寓。

## 預算100萬日圓

任一項目

- 張貼牆面壁紙
- 張貼天花板壁紙＋更換照明器具
- 更換系統廚具
- 更換系統衛浴
- 更換廁所＆洗臉台
- 訂作收納空間等（1～2處）

## 預算300萬日圓

任一項目

- 更換所有廚房衛浴用水設備
- 牆面壁紙＋地板更新
- 客餐廳室內裝潢完全更新＋訂作收納空間等（1～2處）
- 拆除隔間牆1處＋鋪設地板表層

## 預算500萬日圓

- 更換所有廚房衛浴用水設備＋客餐廳室內裝潢完全更新（包含地板更新）＋訂作收納空間等（1～2處）

## 預算800萬日圓

任一項目

- 所有房間內部裝潢完全更新（不含訂製收納空間、更換房門）＋更換所有廚房衛浴用水設備
- 保留完整獨立1～2房的格局變更＋變更部分全新裝潢＋更換所有廚房衛浴用水設備

## 預算1000萬日圓

任一項目

- 僅保留承重牆的毛胚屋裝修
- 僅保留地板腳架的毛胚屋裝修
- 保留完整獨立1～2房的毛胚屋裝修

## 預算1200萬日圓

- 全屋清除的毛胚屋裝修

## 購買房屋＆重新翻修需要多少錢？

# 訂立負擔得起的資金計畫

為了購買中意的房屋進行翻修，必須好好規畫預算，
資金計畫一旦有了失誤，可是會發生讓家計破產的嚴重問題！
為了避免這種情況，從計畫之初就十分重要。一起來訂定寬裕有餘的資金計畫吧！

### 首先從能夠償還的資金與能準備的資金開始了解吧！

資金計畫最重要的，就是計算「可以償還多少錢？」除了目前的家計以外，未來收入增加的可能性？小孩的教育費？這些都列入思考，並且預測將來會產生的收入及支出。

最近雖然可以１００％貸款來購屋，但這樣相當危險。正要展開新生活就被房貸壓力逼得喘不過氣，更別說家族旅行了。這樣不是很悲傷嗎？最理想的狀況是一邊償還房貸的情況下，一年至少還有50～60萬日圓的儲蓄。因此，從規畫之初就不要勉強，清楚掌握能夠償還的金額很重要。

### 以現在的生活為基礎訂立稍有餘裕的資金預算

立即使用下列公式來計算能夠籌措多少資金吧！將目前儲蓄中可用於購屋的金額，填入自備款欄位。接著，依左頁算式來試算貸款金額。先減去購屋必須的手續稅費等各項現金支出，即為購買中古屋＋裝修所需花費的總預算。因為各項費用約是購屋價格的一成左右，因此在此以乘以０．９來計算。

思考資金預算時容易碰到的陷阱，是搬家後增加的生活費。無論是增加的房間數，還是新購的設備機器，都可能會讓電費增加。若搬到市中心的繁華的區域，較高的物價也會讓餐飲費上漲……諸如此類的問題。為了能夠從容應付上漲的生活支出，一起來訂定仍有餘裕的資金計畫吧！

**計算購買房屋 X 翻修的總預算**

| 自備款 | | 貸款金額 | 各項費用 | 總預算 |
|---|---|---|---|---|
| （　　萬元 | ＋ | 　　萬元 ） | ×0.9 ＝ | 　　萬元 |

## 計算償還能力範圍內的貸款金額

目前居住費用 年 ＿＿ 萬元

目前支付房租及停車等費用的總額。

＋

可調用的住宅資金金額 年 ＿＿ 萬元

每月收入中可調用的住宅資金是多少？有小孩的家庭需要預備教育費，還要預存養老基金。一邊想像著未來的生活方式，一邊計算出能夠調度的住宅資金。若占用金額過高，之後維持家計會十分辛苦，必須留意！

－

住宅固定費用 年 ＿＿ 萬元

每年要繳交的房屋稅、地價稅及公寓管理費等，維護＆管理居住環境其實意外地花錢。請確實計算出預算，年預估金額以10～20萬為宜。

＝

可償還貸款金額 年 ＿＿ 萬元

可貸款金額 ＿＿ 萬元 × ＿＿ 萬元 / 30萬元 ＝ 貸款金額 ＿＿ 萬元

自右方表格中，選出適用的貸款利息及償還期間，兩者交會之處就是可貸款金額。基本上，房貸要在退休該年繳完。償還期間最簡單的算法就是，用退休年齡減掉現在的年齡。若要採用更安全的方案，就是設定在退休前繳完。如此一來，償還總額也會少一些。

年度償還金額為30萬的可貸金額對照表 （單位：萬元）

| 利息＼償還年限 | 20年 | 25年 | 30年 | 35年 |
|---|---|---|---|---|
| 1.6% | 513 | 617 | 714 | 803 |
| 1.7% | 508 | 610 | 704 | 790 |
| 1.8% | 503 | 603 | 694 | 778 |
| 1.9% | 498 | 596 | 685 | 766 |
| 2.0% | 494 | 589 | 676 | 754 |
| 2.1% | 489 | 582 | 667 | 743 |
| 2.2% | 484 | 576 | 658 | 731 |
| 2.3% | 480 | 569 | 649 | 720 |
| 2.4% | 476 | 563 | 641 | 709 |

※數值僅供參考

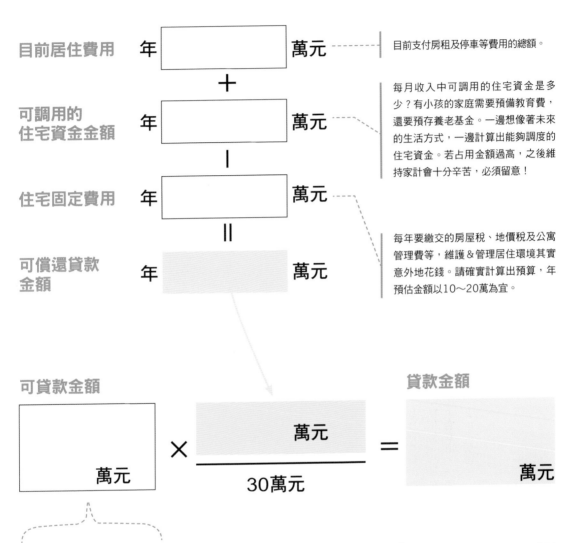

## 如何準備自備款

先列出手上所有的儲蓄明細，如：現金、定存、股票、投資信託等，再計算住宅資金可運用的金額。大多時候會在購屋過程出現預期外的費用，自備款盡可能多備一些會比較理想。另外，由父母援助部分資金也是一個方法。只要符合一定的條件，根據贈與稅的特例，一定金額內不需課稅。跟父母借款也要簽訂借據，寫明償還日期、利息、償還方法等。如果不這麼作，可能會被視為贈與而被課稅，需要注意。

## 購買房屋及裝修工程所產生的各種手續稅費

選擇房屋時，因為盡可能想要找到條件好的住宅，就以幾乎剛好的預算為目標……以這種想法找房子是ＮＧ的。購買中古公寓時，會產生房屋仲介公司的仲介費、貸款申請的手續費、地政規費、房屋契稅等，購屋款及工程費用以外的各種費用。之後還有搬家及新家的家具購買等費用，大約需要購屋價格的10％左右。這些費用的預算也要事先規畫好。

## 如何聰明地選擇房屋貸款？

雖然都是房屋貸款，但是承辦單位從公家機關到民間銀行種類眾多，利息、借貸額度、償還方式也各不相同。要仔細思考將來的生活方式，選擇符合的貸款種類及償還方法。不變的原則是，以退休前付清貸款來設定償還年限。並且，盡量別將獎金、紅利等額外收入的付款比例設得太高，除非獎金分發不會受景氣影響。獎金之類的收入列為備選付款方案較佳，如要使用，建議使用比例與每月償還金額差不多即可。

### 購買房屋＆裝修工程產生的各種相關費用

| | |
|---|---|
| 購買中古屋 | 印花稅、仲介手續費、所有權轉移登記費用等。 |
| 申請貸款 | 印花稅、手續費、房屋火險・地震險保費、抵押權設定登記費用。 |
| 裝修 | 家具費用、搬家費用。 |

## ●選擇貸款的償還方法

償還方法有以下兩種。本金部分攤還金額固定的本金平均攤還，與最初到最後每月攤還金額都一樣的本息平均攤還。前者的本金從初期開始就漸漸減少，攤還的利息金額也會隨之愈來愈少。民間銀行貸款的情況，也有只能選擇本息平均攤還的例子，請事先確認。考慮日後教育費等將來需要支出的費用，再選擇償還方式吧！

**本金平均攤還**

本金部分攤還一定金額的方式；一開始利息較高，需要負擔的攤還金額較大，但持續還款後，攤還金額會隨利息遞減而變少。

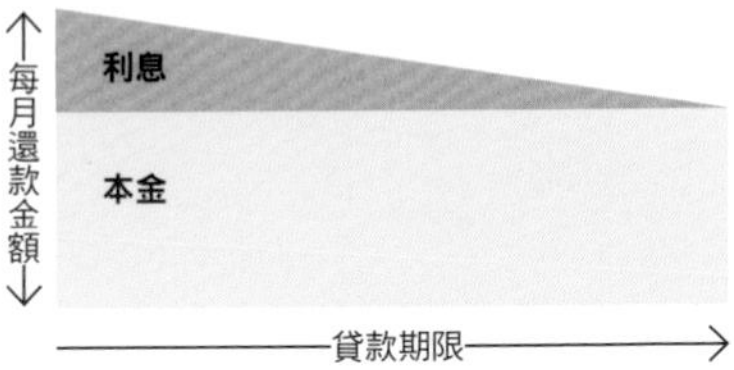
每月還款金額
利息
本金
貸款期限

**本息平均攤還**

每月償還金額固定，因而容易訂立資金計畫的方式。償還初期利息占比較大，使得本金攤還速度較慢。

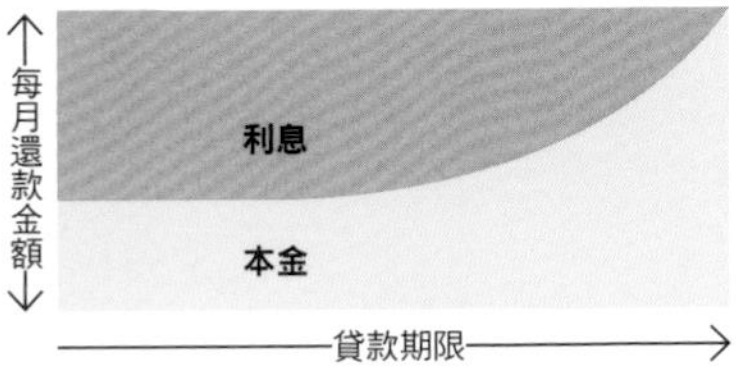
每月還款金額
利息
本金
貸款期限

## ●選擇利率方式的重點

以下說明不同種類的利率計算方式。

・固定式利率是從借入到攤還結束，利息的利率都固定不變。

・機動利率原則上是半年作一次調整，依市場或政府公告的指標利率來變動。

・分段式機動利率是依核給分為三段加碼利率計息，最初幾年利率較低，之後較高。

當中初始利率最低的是機動利率。雖然乍看之下覺得划算，但是無法保證可以一直維持同樣的優勢，不能預測將來的狀況是為缺點。遇上升息且幅度超過預期，就會讓償還變得困難。考慮到這一點，對於打算長期持有的屋主而言，在償還期間利率不會變動的固定利率方案是最令人安心的選擇。

## ●房屋貸款的種類

購買中古物件時可利用的房屋貸款，有公營機關及民營單位。日本公營機關對於正在進行財形儲蓄（※）的人，提供了財形住宅融資等貸款方式。雖然對於建築物件及借入額度限制較多，但利率上比較有利。

另一方面，民間貸款的借款限制較少，貸款的種類及服務內容也很豐富。除了銀行及信用合作社，近來也有許多保險公司開辦貸款業務。日本還有住宅金融支援機構與民間金融機關共同合作的「FLAT 35」貸款。因為是長期固定利率，優點是比較好訂立資金計畫。

台灣方面，除了公、民營金融機關各自推出的一般房屋貸款，也有政府提出的政策性優惠貸款，例如：內政部的購置住宅貸款利息補貼、修繕住宅貸款利息補貼；財政部青年安心成家購屋優惠貸款。

關於裝修費用，若是需要貸款，目前市場上也已經擁有許多修繕貸款商品，無論公營、民營機關皆有提供。利率及融資額度雖有所不同，但是和一般房貸差不多，年限較短，約15至20年。與房貸一同申請的修繕貸款額度，金額大約是房屋鑑價的一成，而且必須附上工程進度期款、報價單等憑證，申貸前不妨向承辦行庫詢問清楚。

※財形儲蓄：日本中大型公司提供的強制儲蓄服務，每個月直接將薪水中約定好的金額存進銀行，作為購置不動產或退休生活的補助款。

# 室內裝潢建材&設備展示間

在家具或織品的映襯之下，
兼具實用性的簡約空間。
重點在於大量使用直線設計，
以及質樸低調的材質&色彩。

for
# Simple Style
簡約風

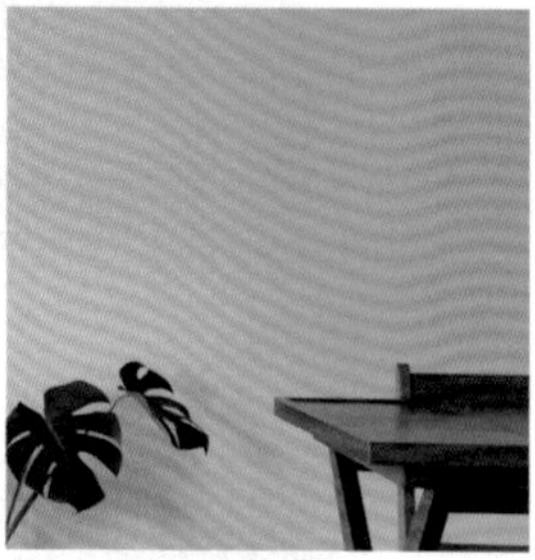

### 粉刷牆面
亦可在原有的壁紙上刷塗油漆，減少成本支出及工序。

### 簡單的磁磚地板
以消光質感的自然色彩為基調。使用30×30 cm左右的大片磁磚，能夠帶來沉穩悠閒的感覺。

### 橡木地板
選用節少且木紋筆直、霧面消光的橡木材。選擇幅度寬的寬版素材，能營造出放鬆的感覺。

### 檯面式臉盆
洗臉盆不嵌入檯面，直接置於檯面上方的款式。推薦使用線條俐落的四角形設計。

### 木製百葉窗
窗戶使用自然色系妝點的木製百葉窗。選擇重點在於搭配木地板的顏色。

### 軌道燈
照明器具能夠自由安裝且移動的導軌設計。容易調整方向的聚光燈，造型更加簡單。

Column 1

攝影／坂本道浩、山口幸一、主婦之友社攝影課

# 2

# 透過重新規畫的隔間，可以實現什麼樣的居家空間呢？

～依公寓格局分類的裝修企畫集～

大刀闊斧改變隔間的裝修，
其魅力在於從頭開始打造出屬於自己的風格住家。
接下來將要以一般中古公寓常見的，
「長方形」與「正方形」建物格局來分類，
介紹經過改造後煥然一新的成功案例。

採訪協力／「スタイル工房」芝 サユリさん（P.32～33）

# 多隔間格局

現今市面上的中古公寓，
仍然存在著反映出時代性與方便業者工程效率的「多格間格局」。
首先，要了解其特徵，
才能活用於翻修改造。

## 長方形格局

RECTANGLE type

最常見的公寓隔間是「長方形格局」。進入玄關後經過長長的走道，盡頭是客餐廳＋陽台的格局。走道兩側則可以進入各個房間，優點是能保有家人之間的隱私。

但靠近公共走廊的房間光線昏暗，且室內整體通風不良則是令人困擾的缺點。因此，近來將公共走廊側的房間改為大型收納空間或寬敞的入口等，不設置房間使用的裝修企劃也增加了。通風問題則是藉由設置室內窗來改善，或是將客餐廳旁的和室整個拆除，讓生活空間更加寬敞。

**長長的走道兩側房間並排，令人熟悉的室內格局。加強採光及改善通風是最重要的課題。**

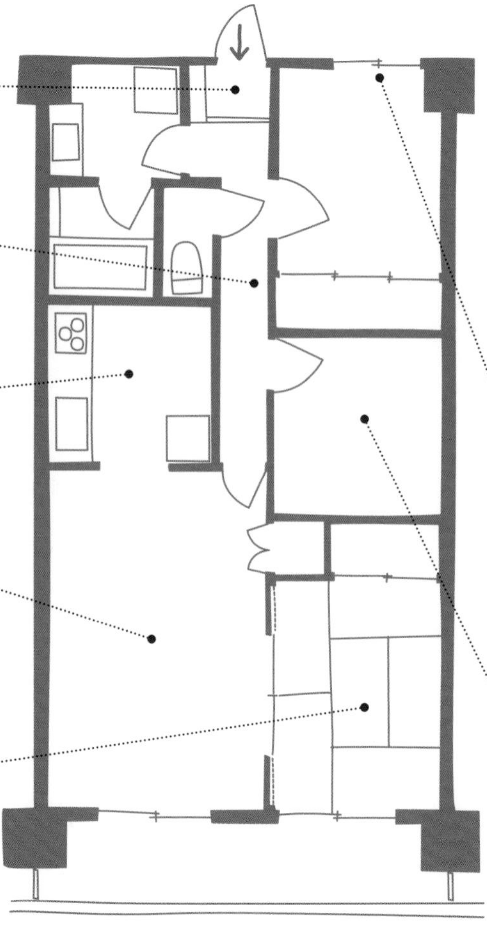

面積狹小的玄關既無法放置嬰兒車，鞋櫃也以小尺寸居多。
意外占用室內面積的走道，以有限的室內坪數而言，感覺有點浪費！
中古公寓以獨立一室的廚房為主流。光線昏暗加上壓迫感也是令人在意的問題。
光線難以穿透深處的狹長型客餐廳。擺放沙發及餐桌椅後的空間，狹小擁擠。
不知該如何使用與客餐廳相鄰的和室，居家風格難以統一也是問題！
面對公共走廊的窗戶採光較少，還要注意保護隱私。
因長方形格局而產生的無窗戶空間，大多作為書房、視聽室及儲藏室使用。

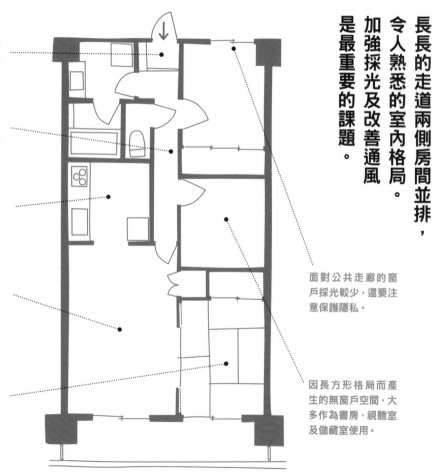

首先要CHECK!

# 中古公寓的

# 正方形格局

SQUARE type

國宅等老舊的住宅社區，經常可以看到「正方形」的格局。若只看房屋整體輪廓，近來新建的高樓大廈也多了不少類似的格局。因為室內走道較短，不會浪費空間，優點是面向陽台的宜居房間較多。但另一方面，則是有著客餐廳沒有窗戶；且一定要經過客餐廳才能進入其他房間，隱祕性較低；客餐廳出入口多，不易擺放家具等問題。

話雖如此，與長方形格局相比，容易規畫出大空間仍是優勢。只要活用隔間，就可以打造出空間開闊的客餐廳，也可以解決中央空間採光不足的問題。

## 走道距離短的「田字型」隔間。重點在於中央部分的空間使用方法。

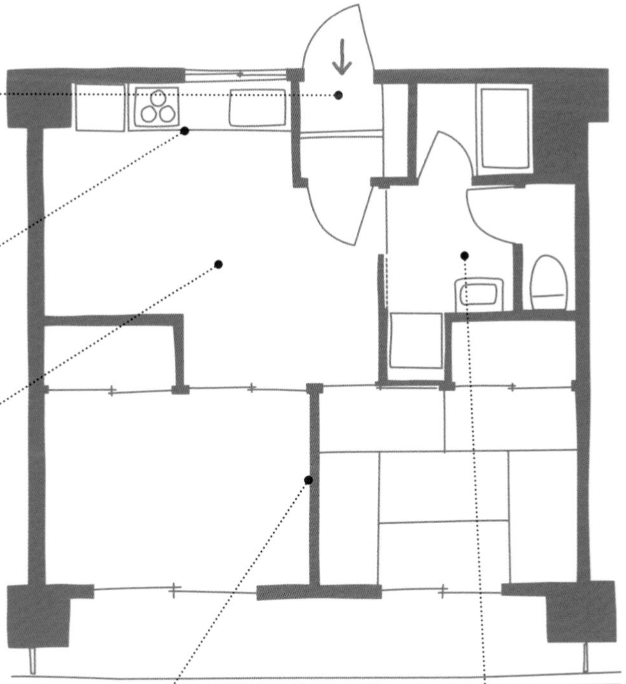

玄關狹小且空間不足是一大問題。也有一打開門，就會直接看清整個客餐廳的情況。

靠牆設計的廚房只能背對著家人作事，收納空間也少。

客餐廳位於光線難以穿透的空間。直接通往各個房間的動線，不僅缺少安穩閒適的感覺，家具也不容易擺放。

間隔出來的獨立房間位於陽台邊。能保有房間數，但不易營造開放感。

衛浴廁所多為昏暗狹小的空間，也有洗臉盆裝在浴室內的例子。

下頁開始分類型來介紹多元豐富的安居翻修方案！

# 長方形格局

## CASE 1

**拆除直向並排的兩間和室。**
**改造為備有開放式廚房，**
**且能享受「家庭派對」的寬敞客餐廳，**
**以及擁有恰當獨立感的孩童空間。**

**【埼玉縣．K 宅】**

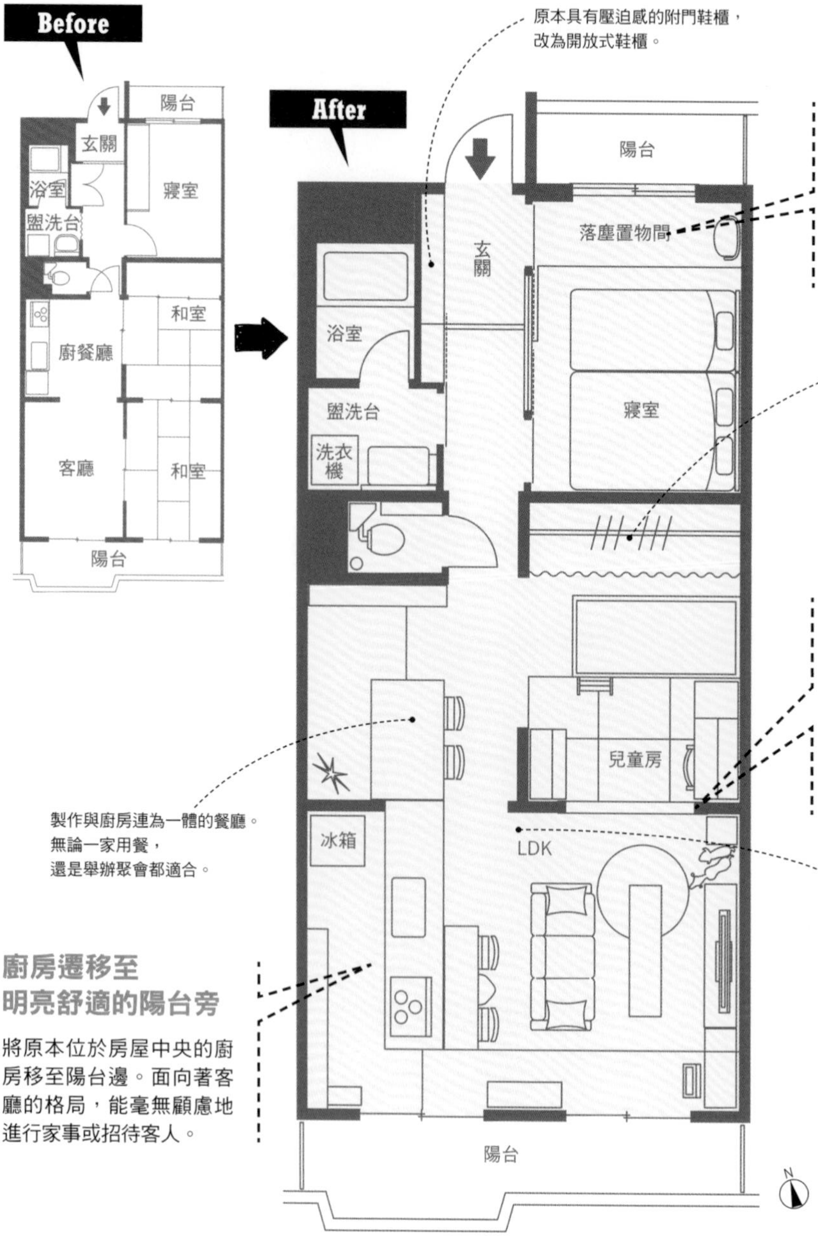

Before
陽台
玄關
寢室
浴室
盥洗台
和室
廚餐廳
客廳
和室
陽台
After
原本具有壓迫感的附門鞋櫃，改為開放式鞋櫃。
陽台
玄關
落塵置物間
浴室
盥洗台
洗衣機
寢室
原本的和室壁櫥，改成一家人共用的衣櫥。
兒童房
製作與廚房連為一體的餐廳。無論一家用餐，還是舉辦聚會都適合。
冰箱
LDK
拆除南邊和室的隔間牆，打造出寬敞明亮的開放式客餐廳＋廚房。
陽台
N


### 改善公寓特有的玄關狹小問題！

在主臥一側規畫一處與玄關相連、不需脫鞋的延伸空間。無論是放置嬰兒車還是大件物品都很方便。

### 使用無法拆除的牆壁另作設計活用

利用結構上無法拆除的牆壁，作為兒童房入口。雙親在客廳可以安心的關注兒童房，而房內空間也同時兼具「獨立性」。

### 廚房遷移至明亮舒適的陽台旁

將原本位於房屋中央的廚房移至陽台邊。面向著客廳的格局，能毫無顧慮地進行家事或招待客人。

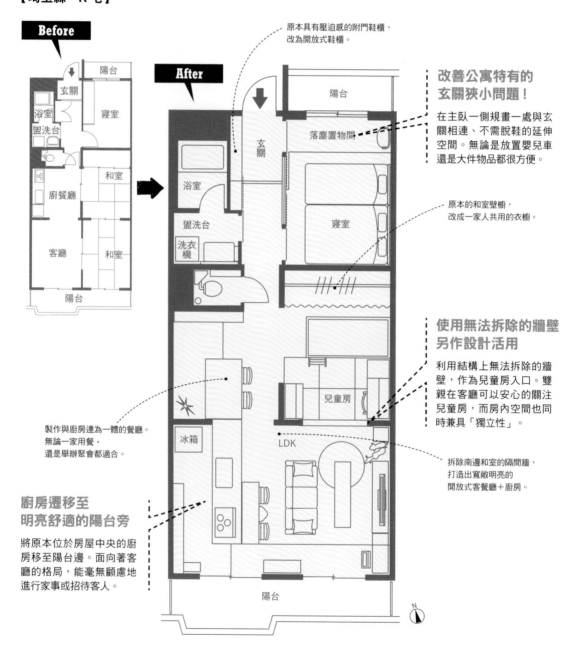

1.通透的客餐廚裝潢統一為工業風，外露的管線也是設計重點之一。 2.訂製的餐桌與廚房流理台相連。既能在這裡用餐、工作，也適合舉辦家庭派對。 3.左側為兒童房的入口。反過來利用無法拆除的牆面，作出有型的設計。小孩的朋友驚嘆說「好像太空基地！」因而大受歡迎。

4.玄關設置了可調整的層板式開放鞋架，可以收納大量鞋子。少去門扉通風良好，所以不會累積濕氣。 5.玄關旁的落塵置物區位於主臥一側。「不必小心翼翼地掛好溼雨衣之類，穿著鞋就能直接使用的空間令人感到輕鬆。」靠走道的隔間牆裝了室內窗，讓光線通透。 6.兒童房的衣櫥，以拉簾取代櫃門作為遮蔽，聰明地節省了經費。

**Data**

| | |
|---|---|
| 家庭成員 | 夫婦＋小孩2人 |
| 屋齡 | 33年 |
| 室內面積 | 62.43㎡（18.89坪） |
| 裝修面積 | 62.43㎡（18.89坪） |
| 裝修部分 | 整體 |
| 工期 | 2012年1月～3月 |
| 裝修費用 | 約827萬日圓 |
| 設計・施工 | ゆくい堂 www.yukuido.com |

攝影／千葉 充

# 長方形格局 CASE 2

**客廳旁令人苦惱的多餘和室，**
**轉身一變成為收納全家書籍及衣物的**
**大容量圖書室與衣帽間。**
**客餐廚也打通為開放空間。**

**【東京都・K宅】**

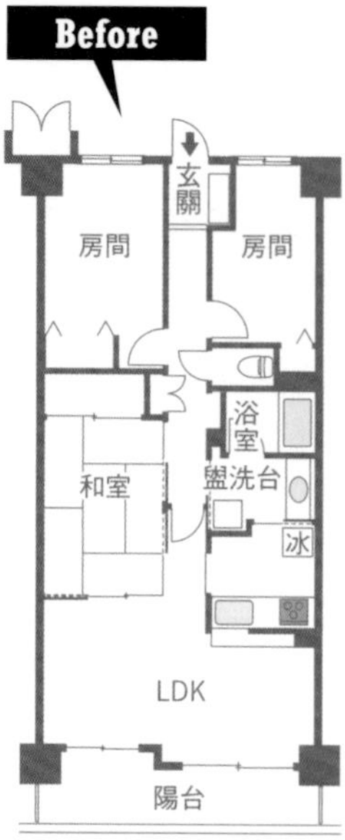

Before
玄關
房間
房間
浴室
和室
盥洗台
冰
LDK
陽台


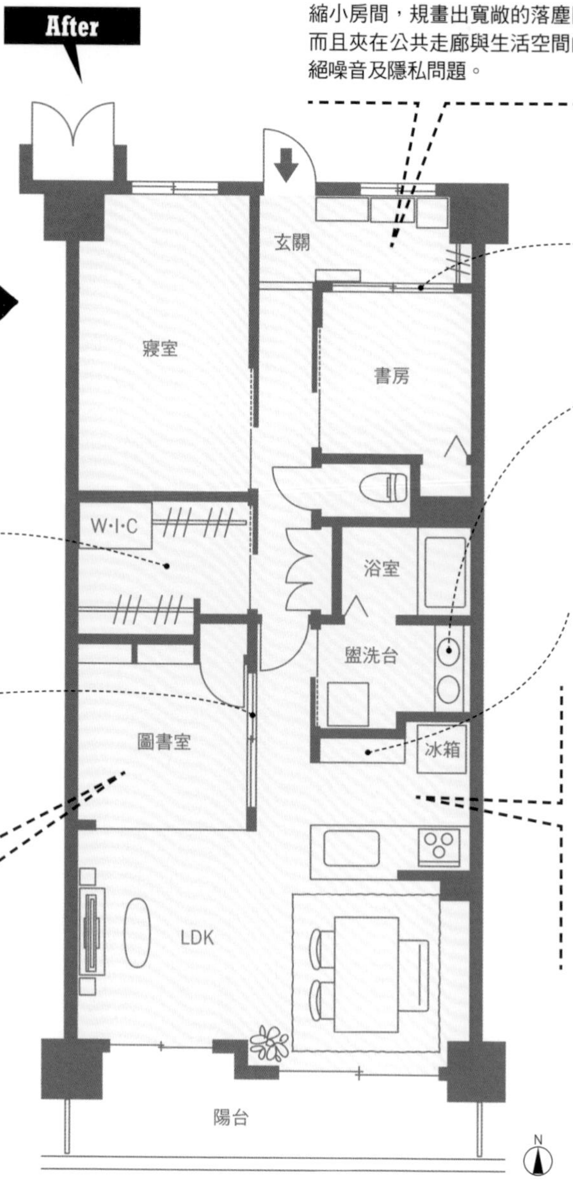

After
玄關
寢室
書房
W・I・C
浴室
盥洗台
圖書室
冰箱
LDK
陽台
N


### 將玄關落塵區設為與公共走廊之間的緩衝空間

縮小房間，規畫出寬敞的落塵區。不但利於收納，而且夾在公共走廊與生活空間的位置，正好可以隔絕噪音及隱私問題。

公共走廊透進來的光線，藉由室內窗導入房屋內。

盥洗台裝設了雙面盆。早晚的使用高峰不用等待盥洗，非常方便！

使用原本和室的部分空間＋壁櫥，改造成衣帽間。全家人的衣物都能一起收納，十分方便。

封住原本連接盥洗台與廚房的出入口，沿著牆壁設置大型餐廚收納空間。

圖書室的牆上設置了室內窗，減輕牆壁帶來的壓迫感。身在廚房亦能注意動向。

### 光線昏暗的半封閉式廚房成為開放明亮的共同空間

原本的廚房是出餐口形式的半封閉空間。在拆除周圍牆壁及拉門後，打造出串聯客餐廳的明亮廚房。

### 將經常看到的和室變身成圖書室！

位於客廳一角的和室，改造成從以前就很想要的圖書室。牆面裝上書架，地面由榻榻米換成地毯。

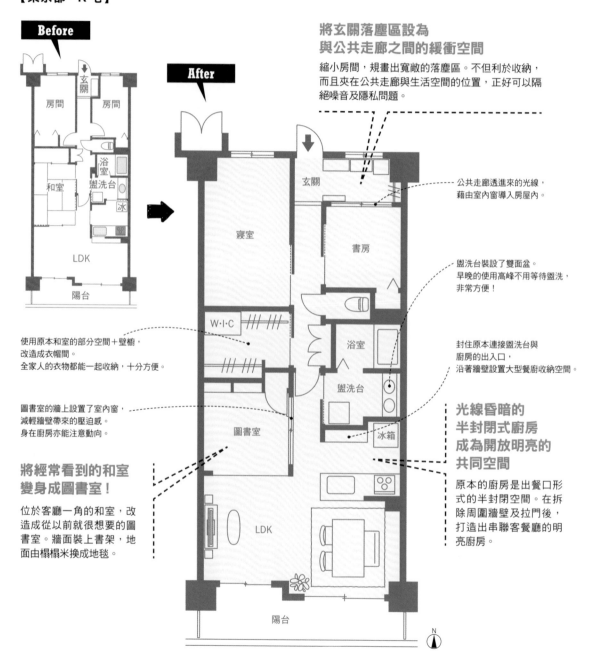

1.裝修的主題風格是「舊校舍的復古情懷」，藉由橡木地板及牆壁的油漆配色讓想像成形。廚房使用屋主自行採購的「IKEA」產品，材質選用了專業風的不鏽鋼面。 2.將原本與客廳相連的「和室」改造成圖書室，書櫃後方是衣帽間，出入口則位於走道上。

3.使用北邊房間的一部分來打造玄關落塵區。寬敞的空間一點都不像是公寓所有，不使用木作櫥櫃來收納，而是活用市售掛衣架及櫃子等。4.訂製的客廳門是櫟木原木，其上嵌入嚮往已久的彩色鑲嵌玻璃。

## Data

家庭成員……………………… 夫婦＋1個小孩
屋齡………………………………17年
室內面積………………………約67㎡(約20坪)
裝修面積………………………約67㎡(約20坪)
裝修部分………………………整體
工期………………………………2011年6月～8月
裝修費用………………………約920萬日圓
設計・施工……………………スタイル工房
www.stylekoubou.com

## 將南北並排的兩間房間
## 合併為長型的多功能臥室。
## 與客廳相鄰的一側新建隔間牆，
## 再加上採光好、通風佳的室內窗。

# 長方形
## 格局
## CASE 3

【東京都・I宅】

打通相連的兩個房間，
讓房間原有的封閉感消失之餘，
也改善了通風。

縮減左側房間的面積，
增加玄關落塵處的空間，
打造連自行車也能停放的寬敞入口。

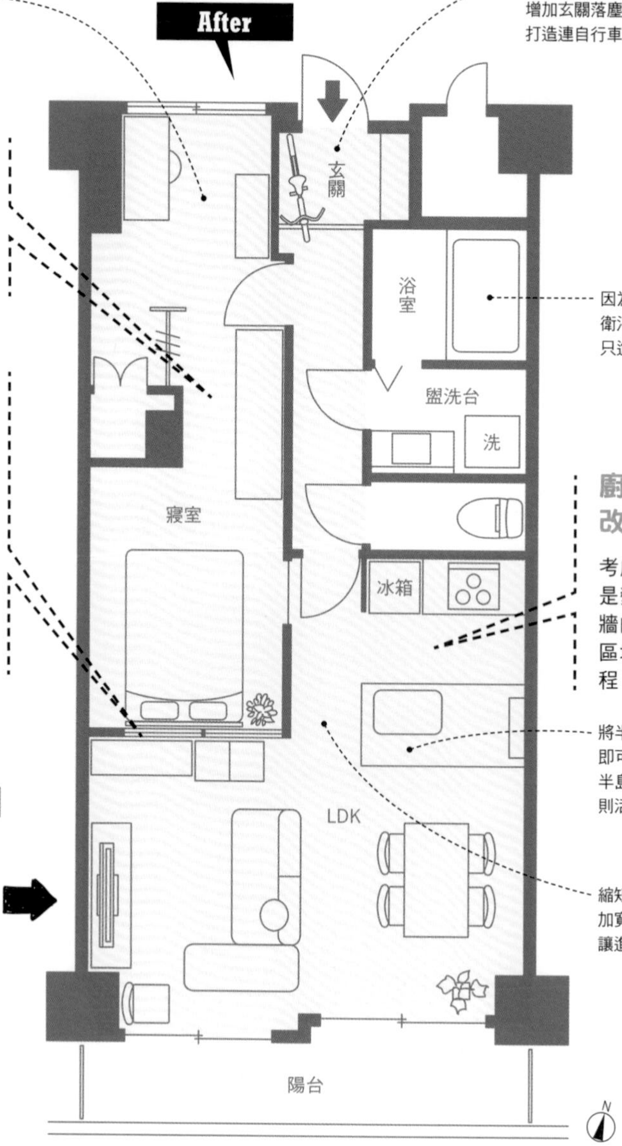

After
玄關
浴室
盥洗台
洗
寢室
冰箱
LDK
陽台
N


### 收納能力超強的
### 走道式衣帽間

兩間房間打通後成為走道的部分，巧妙設計作為收納空間。

### 新增隔間牆的同時
### 裝設連接空間的
### 室內窗

原本的房間只要關上拉門就會一片漆黑，所以乾脆將這一面封起，並且在新的隔間牆上使用了大片室內窗。引進明亮採光及通風，打造舒適的寢室。

因為是購入前已裝修完成的物件，
衛浴部分就按照原本的模樣。
只進行局部裝修，節省成本。

### 廚房由L型
### 改成精巧的半島式

考慮到作菜時的方便性，於是變更爐台位置成為平行靠牆的半島式廚房。只要將此區塊的地板拆除進行配管工程，就能完成理想的配置。

將半島水槽前方的檯面加寬，
即可得到寬敞的作業空間。
半島下方空間，
則活用於收納餐具等物。

縮短了原本流理台的長度，
加寬走道空間，
讓進出客餐廳的動線更順暢。

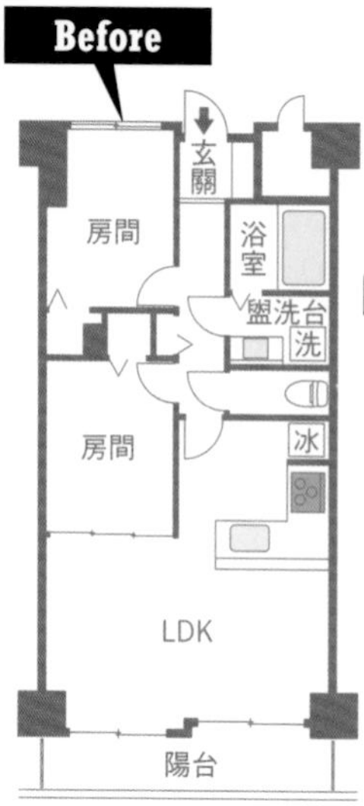

Before
玄關
房間
浴室
盥洗台
洗
房間
冰
LDK
陽台

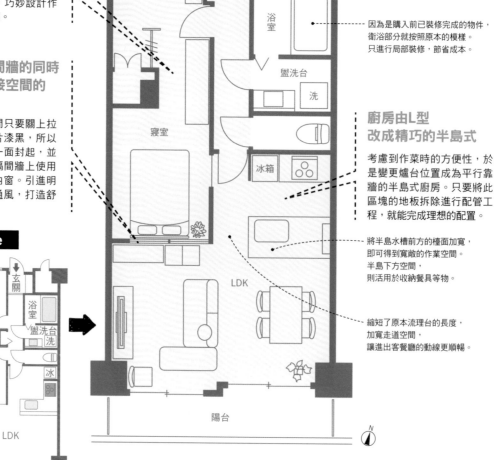

1.客廳與寢室之間的牆面設置了鐵製室內窗。線條比起木框更加俐落，簡單又引人矚目。地板選擇了中意顏色及質感的樺木原木。 2.廚房中島的水槽前方沒有擋板，檯面線條一覽無遺的俐落設計。 3.打開旋轉式的室內窗，舒爽清風就能吹入寢室。地面鋪上價格實惠的地毯，有著來去輕巧無聲的優點。

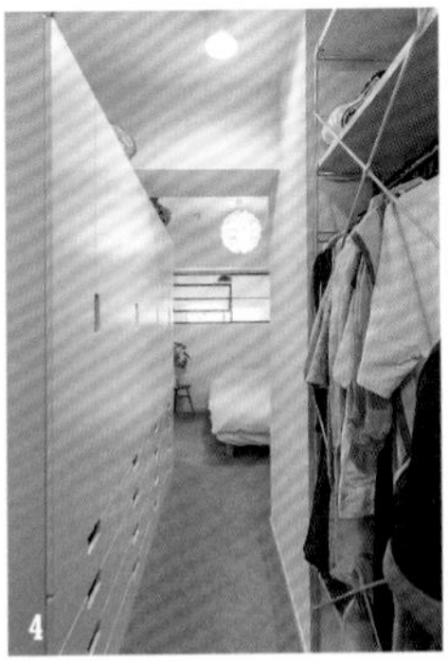

4.兩個房間打通後的走道兩側，並排著「IKEA」的收納家具。比起木作衣櫃，能用更便宜的價格來增加衣物收納量！ 5.增加玄關面積讓使用方式變得更靈活。拆除小鞋櫃，設置延伸至天花板的開放式鞋櫃。

## Data

| | |
|---|---|
| 家庭成員 | 夫婦 |
| 屋齡 | 26年 |
| 室內面積 | 60.13㎡（18.19坪） |
| 裝修面積 | 49.70㎡（15.03坪） |
| 裝修部分 | 除盥洗台‧浴室‧廁所以外 |
| 工期 | 2013年4月～5月 |
| 裝修費用 | 約420萬日圓 |
| 設計 | ブルースタジオ<br>www.bluestudio.jp |

攝影／佐々木幹夫

# 長方形格局 CASE 4

## 將4房2廳改為2房2廳。透過減少房間數，規劃出能夠因應今後生活變化的彈性居家空間。

【神奈川縣・M宅】

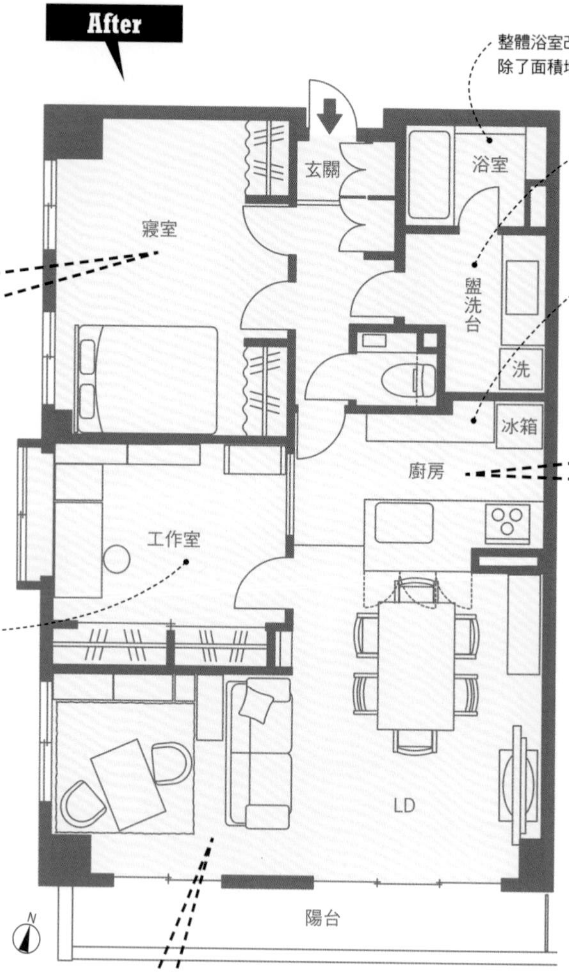

After
玄關
浴室
寢室
盥洗台
洗
冰箱
廚房
工作室
LD
陽台
N


### 打通相連的兩房合併為寬敞的主臥室

原本是兩間約2.1坪的小房間，僅拆除隔間牆就成了可放鬆休息的寢室。將來若有需要分成兩個房間，依然能增建牆壁，以或家具等進行隔間。

整體浴室改為傳統工法的浴室。除了面積增大，還能挑選喜歡的材料及設計。

拆除占空間的洗衣機獨立空間，將整體的盥洗空間加大。洗臉台也改成了寬敞好使用的尺寸。

封住盥洗台旁的出入口，設置收納櫃與吊櫃，大幅提升廚房的收納量！

### 完全開放式的「展示型」廚房空間

從出餐口式的半封閉廚房，變為完全開放式的廚房。特別講究訂製的流理台，亦能滿足客廳的使用需求。

擴增面積的同時，亦沿著牆面裝設了整排衣櫃的工作室。孩子們長大後，預計改裝為夫婦的寢室。

### 拆除和室改造成擁有兒童遊戲區的客餐廳

將和室整併為一整個開放的客餐廳。在擁有寬敞休憩空間之餘，甚至還規畫了小孩專屬的遊戲空間。

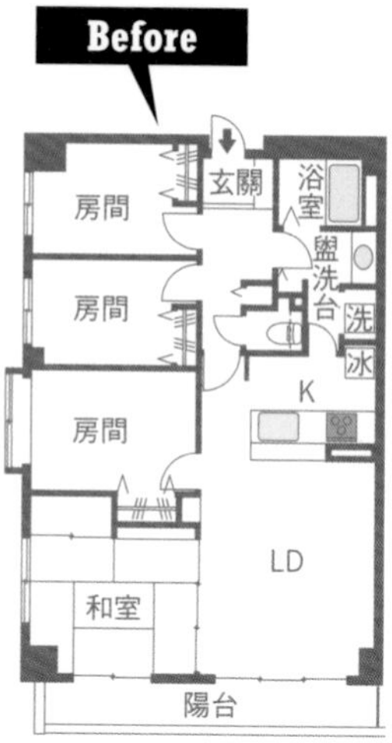

Before
玄關
浴室
房間
盥洗台
房間
洗
冰
K
房間
LD
和室
陽台

1

3

2

1.因為拆除了相鄰的和室，得以呈現出L型的客餐廚寬敞空間。光線從兩扇落地窗進入，提升了開放感跟明亮度。 2.廚房流理台的深度足足有1m，作業空間綽綽有餘。流理台下方，前後兩面皆設有收納空間。 3.使用原本的和室空間作為客廳裡的小孩遊戲區。從廚房也能一眼看到小孩，令人十分安心。

**Data**

| | |
|---|---|
| 家庭成員 | 夫婦＋小孩2人 |
| 築年 | 23年 |
| 室內面積 | 約80㎡（約24坪） |
| 裝修面積 | 約80㎡（約24坪） |
| 裝修部分 | 整體 |
| 工期 | 2009年7月～9月 |
| 裝修費用 | 約1300萬日圓 |
| 設計施工 | FILE<br>www.file-g.com |

4.裝修工程交由家具通路的室內裝潢部門執行。因此充分利用此優勢，手工打造出理想的衛浴空間。採用方正設計的洗臉台，有如一般室內家具。 5.使用傳統的工法，將無機質的整體衛浴改造成散發溫暖木香的空間。

5

4



攝影／主婦之友社攝影課

# 拆除位置條件良好的和室。運用原本隔間改善廚房與客餐廳的舒適度，在視線範圍內新設兒童房。

## 長方形格局

### CASE 5

【大阪府・T 宅】

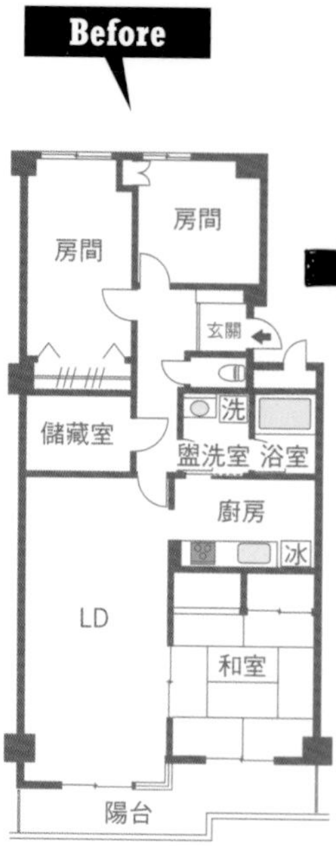

Before
房間
房間
玄關
洗
儲藏室
盥洗室
浴室
廚房
冰
LD
和室
陽台


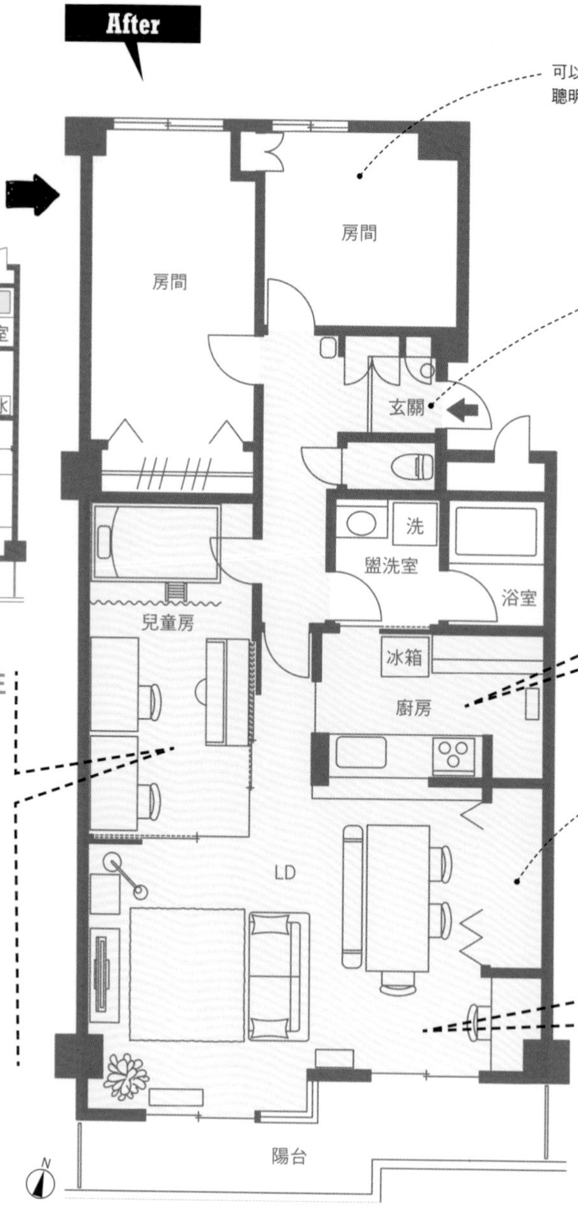

After
房間
房間
玄關
洗
盥洗室
浴室
兒童房
冰箱
廚房
LD
陽台
N


可以直接使用的空間不再翻修，聰明地省下費用。

玄關的大小不作更動，只變更內部裝潢及收納櫃。

**不移動廚房原本的位置只改善昏暗及壓迫感的問題！**

完全獨立且昏暗的廚房，在保持原本空間大小及動線的狀況下，改為半開放式。並且在拆除相鄰的和室之後，成為對面式的可見廚房。

餐桌後方設置了大型收納空間，旁邊的角落剛好可以作為工作區。

**南邊統整為一體化的大空間明亮且寬敞**

以前的和室造成客廳細長的格局，採光也有很大的問題。透過拆除和室來變更隔間，將條件良好的南邊改為開放的客餐廳。

**活用推拉門的特性設計出具彈性變化的兒童房**

打開推拉門，就能與客餐廳的空間相連；關起拉門則變成獨立房間。待在客餐廳的父母，視線範圍內皆可看到兒童房，小孩關上拉門也能專心念書，是此設計具備的雙重優點。

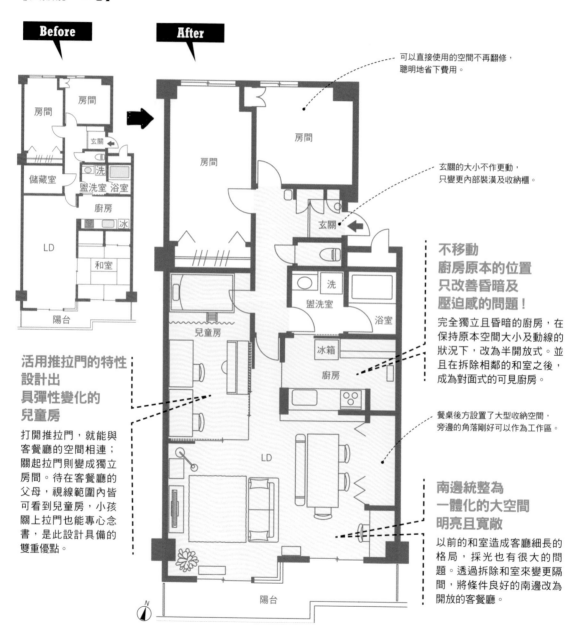

1.拆除和室與天花板後，空間開闊的客餐廳也提升了開放感。松木地板使用天然護木漆「Livos」來保養，牆壁則刷塗了厚層珪藻土。　2.面向餐廳，可以透過寬大的窗口看見廚房，「作家事的同時還是顧得到小孩」。3.重視功能性及維修保養，因此採用簡單的系統廚具。地板使用素燒風格的地板貼。　4.從餐廳看兒童房間的角度。推拉門設置成L形，打開時空間宛如整體。房間深處則是小孩的雙層床。

5.在餐廳後方的牆面收納櫃旁，打造了一個工作區。這個方便電腦作業的空間，訂製了壁掛式層板桌與書架，上面展示著美國的舊繪本。　6.玄關收納櫃的門板是以地板材製作，再刷塗白色油漆。「雖然有點空隙，但別有一番風味（笑）」。

**Data**

家庭成員……………………… 夫婦＋小孩2人
屋齡……………………………… 24年
室內面積……………………… 99.17㎡（29.99坪）
裝修面積……………………… 55.00㎡（16.63坪）
裝修部分……………………… 除房間2間・盥洗室・浴室外
工期……………………………… 2012年2月～3月
裝修費用……………………… 約330萬日圓
設計・施工…………………… a.design
http://affix-net.com

攝影／松井ヒロシ

# 長方形格局

## CASE 6

**大膽變更格局，**
**調換廚房、盥洗台＆浴室的位置。**
**透過拆除南邊的房間，**
**引進光線，打造明亮的客餐廚空間。**

**【神奈川縣．U 宅】**

**Before**

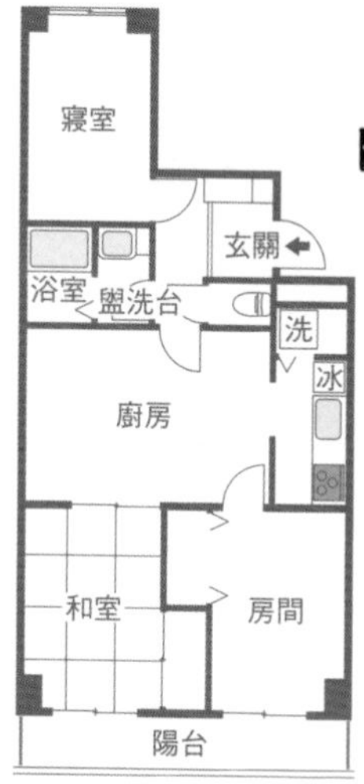


**After**

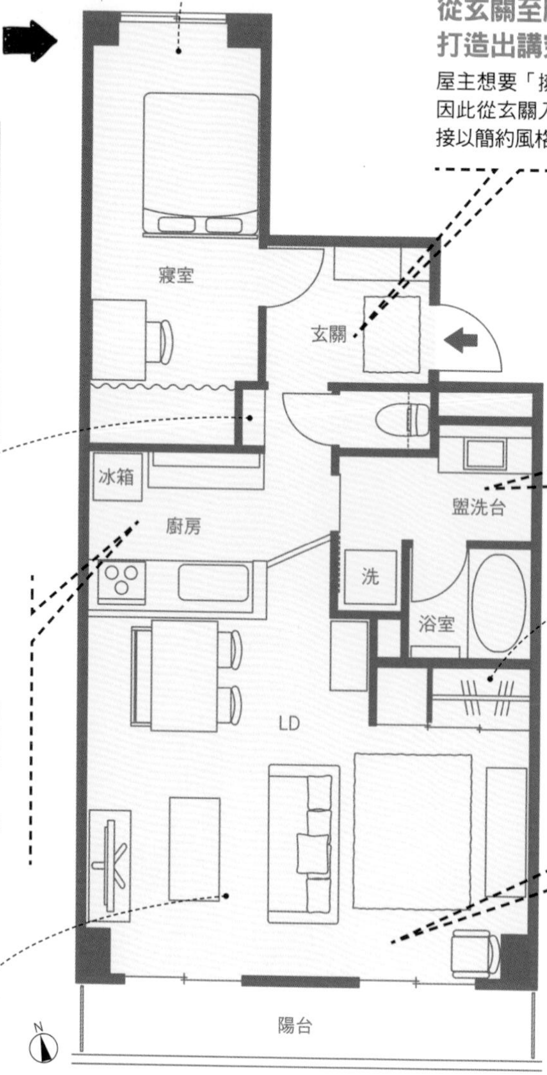


遷走盥洗台與浴室，加大寢室面積，
將來也能分隔成2間房間。

### 從玄關至廚房打造出講究的落塵區

屋主想要「擁有獨一無二的住宅空間」，因此從玄關入口、走道至廚房的地坪，直接以簡約風格的水泥材質鋪設。

### 活用原本的水路管線調換衛浴與廚房的位置

將盥洗台＆浴室移至原本的廚房，打造寬敞的衛浴空間。利用原本就有水路管線， 只是改變用水空間的功能，讓工程施作省事又順利。

運用走道角落，
設置小型的電腦工作區。

### 大膽改變位置打造出開放互動的對面式廚房

原本獨立一間的狹小廚房，移動位置後成為對面式的開放格局。不僅有著從陽台透進的明亮光線，還能在作業時一覽客餐廳與家人互動。

在客廳一角設置了衣櫥。
不僅方便目前的日常起居，
將來改成兒童房間時，
亦能直接成為重要的收納空間。

### 現在享受寬敞的客餐廳將來亦可隔出個人房

只有夫妻兩人的現在，可以盡情享受寬敞的起居空間。將來小孩出生後，如有需要增加房間，也已經計畫好在沙發後方增設隔間牆。隔間工程越少，裝修費用亦少。

南邊原本劃分為兩個房間，客餐廳則是位於深處且沒有窗戶的空間。拆除此區塊所有的隔間牆，讓陽光穿透整個房屋。

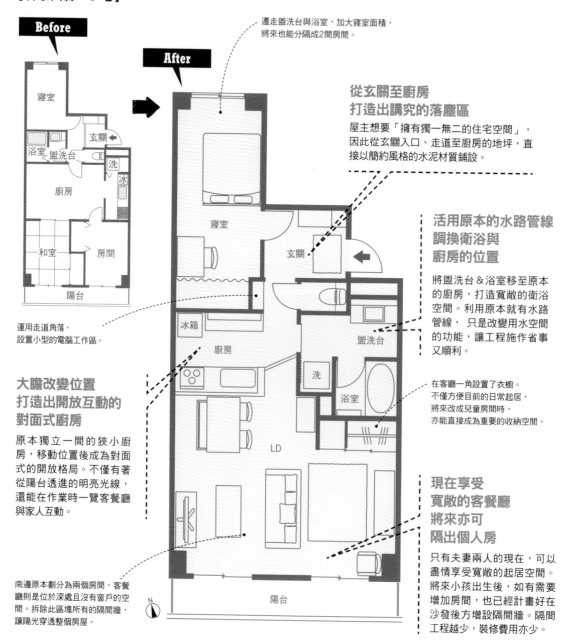

1.風格獨特的入口，讓人感覺不像一般公寓。改造原有的鞋櫃，貼上符合整體風格的灰色貼紙。 2.在連接玄關與客餐廚的動線上設置了電腦桌。側面牆上開了小窗口，讓光線進入。 3.為了節省成本，廚房選用「IKEA」的產品，時尚的設計很得屋主喜愛。應太太的要求，廚房區塊的地面也是矮一階的設計。 4.天花板不作隔間，樓板加上外露的排煙管及配線，給人粗獷的印象。

**Data**

家庭成員……………………… 夫婦
屋齡……………………………… 25年
室內面積……………………… 64.00㎡(19.36坪)
裝修面積……………………… 64.00㎡(19.36坪)
裝修部分……………………… 整體
工期……………………………… 2010年3月～4月
裝修費用……………………… 約650萬日圓
設計．施工…………………… KURASU
http://kurasu.co.jp

5.以簡潔的室內裝潢襯托別具特色的家具。地板使用橡木原木，天花板及牆壁直接上漆，白色的衣櫥門板亦融入整體空間。



攝影／坂本道浩

# 長方形格局

## CASE 7

## 將「東西向」並排的房間，改為「南北向」排列。保有所需房間數與收納空間之餘，將明亮光線確實引進狹長形的客餐廳。

【東京都．T宅】

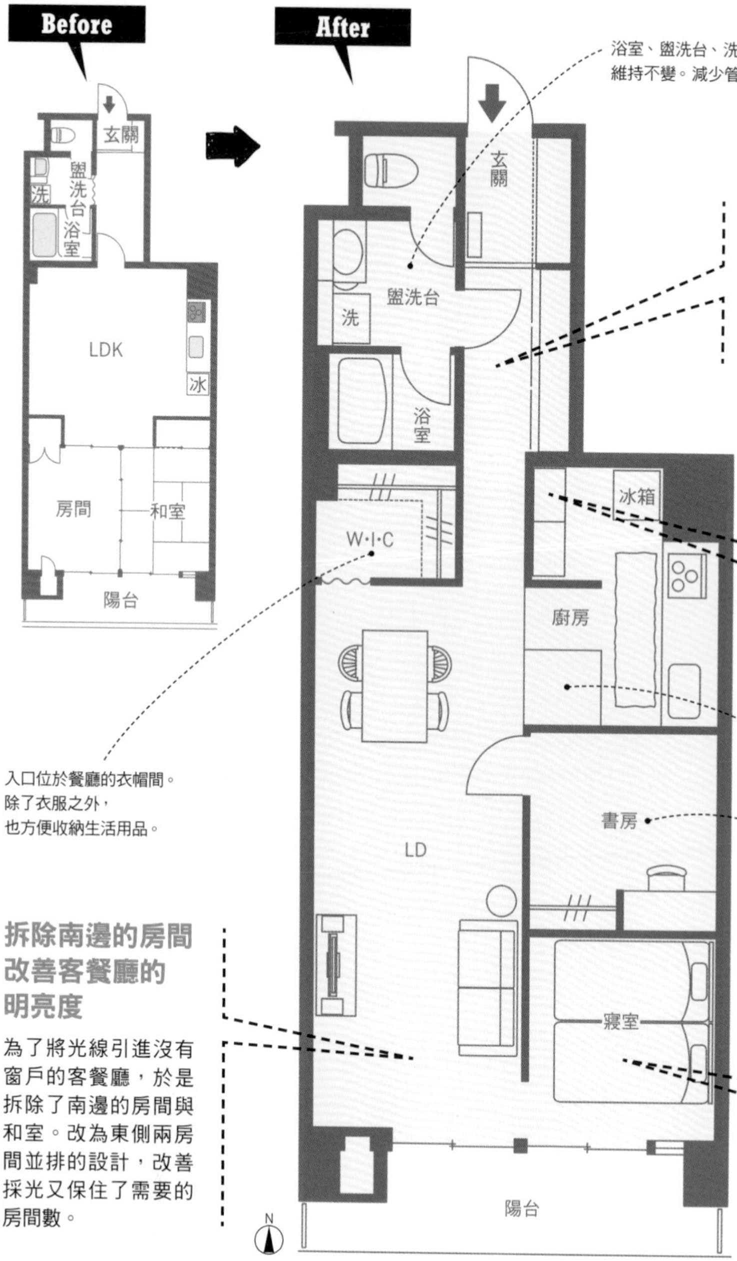


浴室、盥洗台、洗衣機的位置維持不變。減少管線移動的費用。

### 活用寬敞走道空間 打造大容量壁櫥收納

在原本稍顯寬敞的走道，設置大型收納櫃。不僅可以放置鞋子，連書本也一併收納在此。

### 設置隔間 打造半開放廚房

廚房的位置不變，靠走道一側加蓋了隔間牆，牆內設置收納空間。解決一字型廚房收納空間不足的困擾。

面對餐廳的寬敞出入口設置了大型備餐台，大幅增加收納及作業空間！

最初就希望設置的備用空間。現在作為書房使用，將來要當作寢室或是兒童房，仍在討論中。

入口位於餐廳的衣帽間。除了衣服之外，也方便收納生活用品。

### 拆除南邊的房間 改善客餐廳的明亮度

為了將光線引進沒有窗戶的客餐廳，於是拆除了南邊的房間與和室。改為東側兩房間並排的設計，改善採光又保住了需要的房間數。

### 開放感牆面 讓隔間不帶壓迫感

在條件優良的南邊設置寢室。隔間牆高度不封頂，與天花板之間留有空隙，與客餐廳相連的無門設計，生活起居上也很方便。

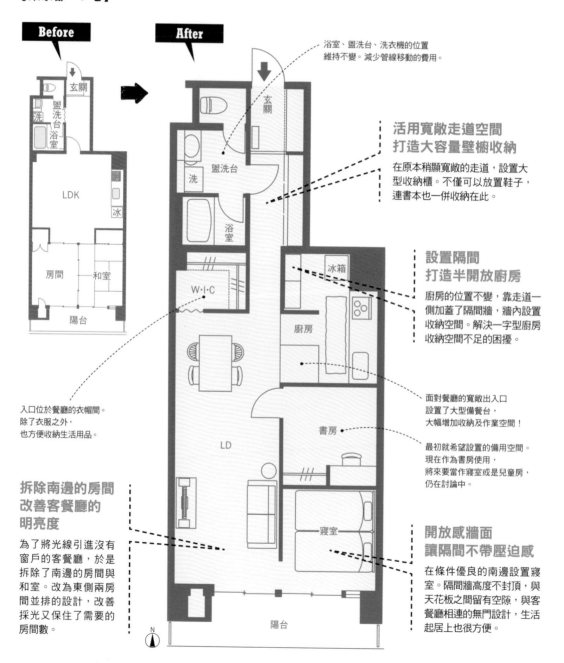

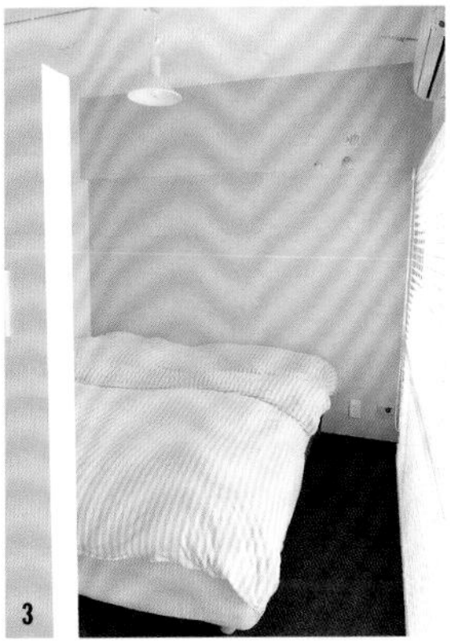

1.廚房裝修成半開放式，與餐廳產生恰到好處的距離感。走道通往客餐廳的室內門也拆除，改為拱門設計。 2.即使預算有限，地板仍講究的選用原木材鋪設，壁面則簡單上漆，天花板也是管線外露的工業風。 3.寢室與客廳之間的隔間牆不設門，高度也控制在1.6m，藉以提升空間的連續性。由屋主太太挑選的粉紅跳色牆很引人注目。 4.選用的「sun wave」系統廚具、牆面、地板皆統一成白色，呈現明亮的廚房印象。

## Data

家庭成員……………………… 夫婦
屋齡…………………………… 約35年
室內面積……………………… 65.86㎡(19.92坪)
裝修面積……………………… 65.86㎡(19.92坪)
裝修部分……………………… 整體
工期…………………………… 2011年3月～4月
裝修費用……………………… 約580萬日圓
設計・施工 ………………… KURASU
http://kurasu.co.jp

攝影／主婦之友社攝影課

大膽改變走道位置的裝修方案。
玄關變身明亮寬敞的空間，
貫穿南北的舒適通風更是一拂到底。
起居空間也成為通透的開放式客餐廚。

# 長方形
## 格局
## CASE 8

【愛知縣・N宅】

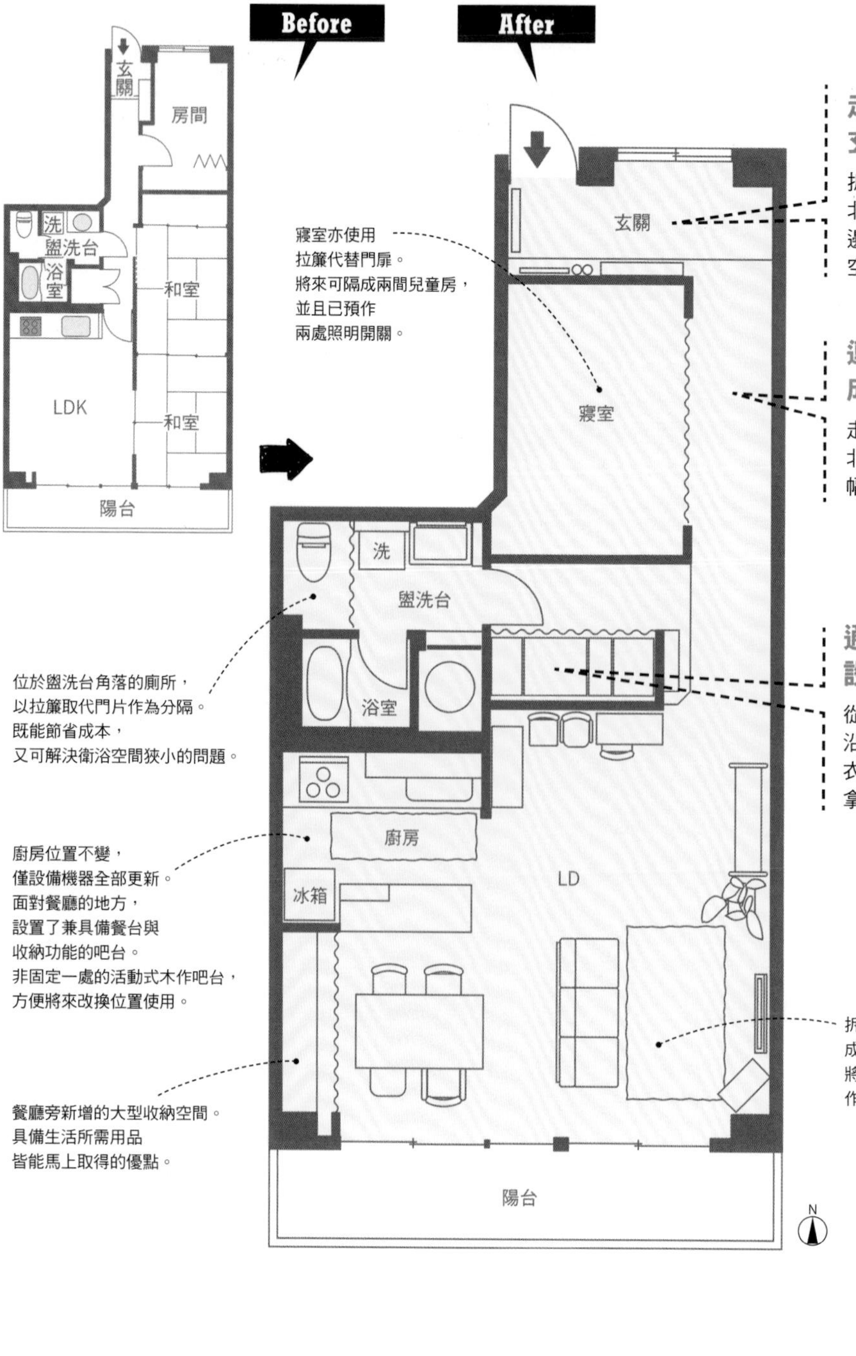
Before
After
玄關
房間
洗
盥洗台
浴室
和室
和室
LDK
陽台
玄關
寢室
洗
盥洗台
浴室
廚房
冰箱
LD
陽台
N

寢室亦使用
拉簾代替門扉。
將來可隔成兩間兒童房，
並且已預作
兩處照明開關。

位於盥洗台角落的廁所，
以拉簾取代門片作為分隔。
既能節省成本，
又可解決衛浴空間狹小的問題。

廚房位置不變，
僅設備機器全部更新。
面對餐廳的地方，
設置了兼具備餐台與
收納功能的吧台。
非固定一處的活動式木作吧台，
方便將來改換位置使用。

餐廳旁新增的大型收納空間。
具備生活所需用品
皆能馬上取得的優點。

### 走道移至牆邊 玄關變得寬敞明亮

拆除光線昏暗、難以使用的北邊房間，將走道移至牆邊。打造出寬敞明亮的玄關空間。

### 連接南北的走道 成為風的通道

走道連接了面向公共走廊的北側窗戶與南邊的陽台，大幅改善客餐廳的通風問題。

### 通往衛浴空間的動線上 設置全家人共用的衣櫥

從走道通往盥洗台的途中，沿牆面設置了高達天花板的衣物收納空間。方便洗澡時拿取換洗衣物的設計。

拆除相連的兩間和室，
成為寬敞的客餐廳起居空間。
將南邊陽台前的舒適空間打通，
作為全家人的休憩場所。

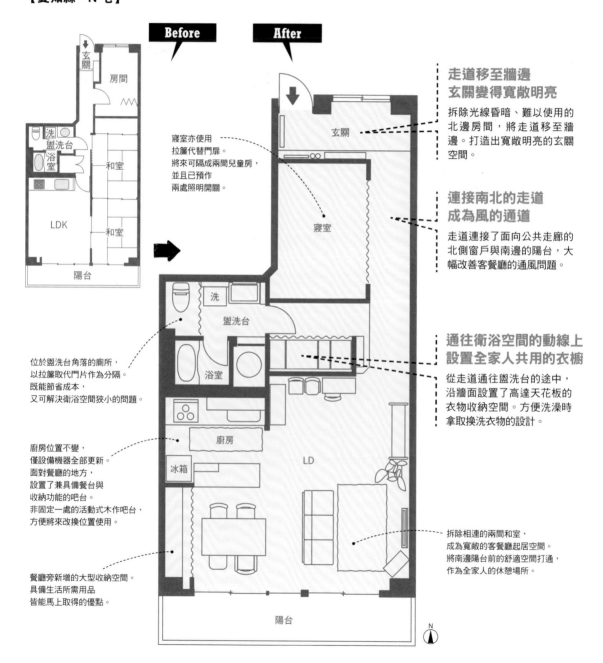

1.廚房後方的開放式層架，與吧台上的玻璃展示櫃，有如置身在咖啡廳。餐廳旁的拉簾內裝設著活動式層板架，用以收納日用品。 2.拆除天花板，露出混凝土構造。地板使用橡木原木，刻意塗黑的縫隙處營造出古典風格。 3.不滿於狹小昏暗的玄關，於是改造出寬敞空間。窗戶前使用鷹架踏板製作出固定式的開放層架。 4.大膽變更走道動線。左手深處的隔間牆後方為寢室，前方則是通往盥洗台的走道。選用工業風設計的鐵管燈具及開關，令人感受到屋主對於風格的堅持。

5.衛浴空間前的衣物櫃。同樣使用拉簾遮擋收納物品，減少裝設門窗的費用。地板鋪設著呈現復古風格的馬賽克磁磚。 6.位於盥洗台角落的廁所。雖然僅有拉簾作為隔間，卻擁有寬敞感，清潔整理也方便。特別規畫的草綠色跳色牆，成為空間設計重點。

## Data

| | |
|---|---|
| 家庭成員 | 夫婦＋小孩2人 |
| 屋齡 | 21年 |
| 室內面積 | 約69㎡（約21坪） |
| 裝修面積 | 約69㎡（約21坪） |
| 裝修部分 | 整體 |
| 工期 | 2010年10月～11月 |
| 裝修費用 | 約755萬日圓（設計費・含稅） |
| 設計・施工 | リノキューブ<br>https://reno-cube.jp |

攝影／山口幸一

# 長方形 格局

**CASE 9**

## 將南邊的和室整個改為廚房。藉由寬敞有餘的格局規畫，打造出夢想的家事間，建構出興趣＆家事都能樂在其中的住家。

**【愛知縣·M宅】**

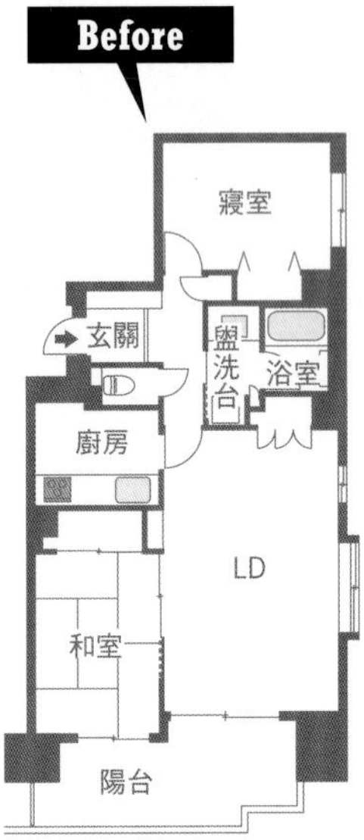
Before
寢室
玄關
盥洗台
浴室
廚房
LD
和室
陽台

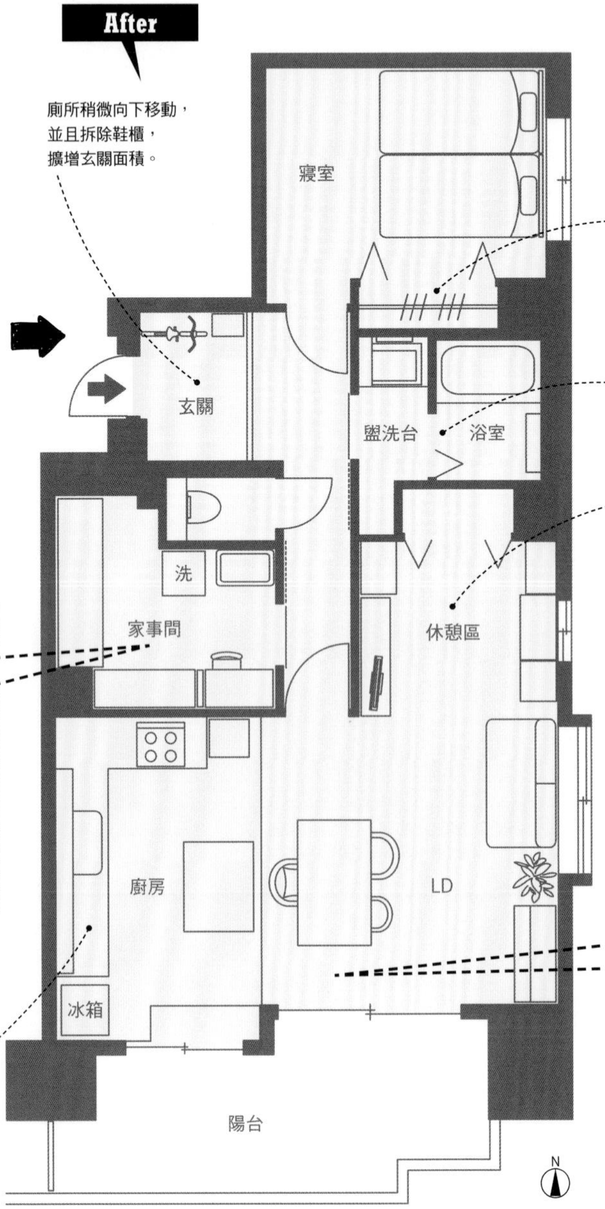
After
廁所稍微向下移動，
並且拆除鞋櫃，
擴增玄關面積。
寢室
玄關
盥洗台
浴室
洗
家事間
休憩區
廚房
LD
冰箱
陽台
N

改變房門位置及方向，將面向走廊的收納空間與寢室衣櫃整合，提升收納功能。

盥洗台與浴室，無論空間大小及位置皆不更動，僅洗衣機移至家事間。

移動客餐廳出入口後產生的寬敞空間。將來預定要加蓋隔間，當作兒童房。

### 原本的廚房改為想要的家事間

兼具衣物間、儲藏室、餐具食品室的家事間。沿牆設置著整排層架，從衣物收納到儲藏生活用品與食品，全都放得下。除了方便燙衣服的桌子外，洗衣機旁也備有手洗用的水槽。

### 將南邊空間整體規畫為手作及休憩場所

屋主提出的需求是「想要將客餐廚作為適合手作的空間」。於是將原本的和室拆除，改為與客餐廳連接的公領域，中央再放上寬大的中島備餐台。打造出可以一邊享受和煦日照，一邊製作料理或烘焙點心的舒服空間。

作業空間與收納功能都完備的L型廚房。注重通風，因此檯面下方採用開放式收納。

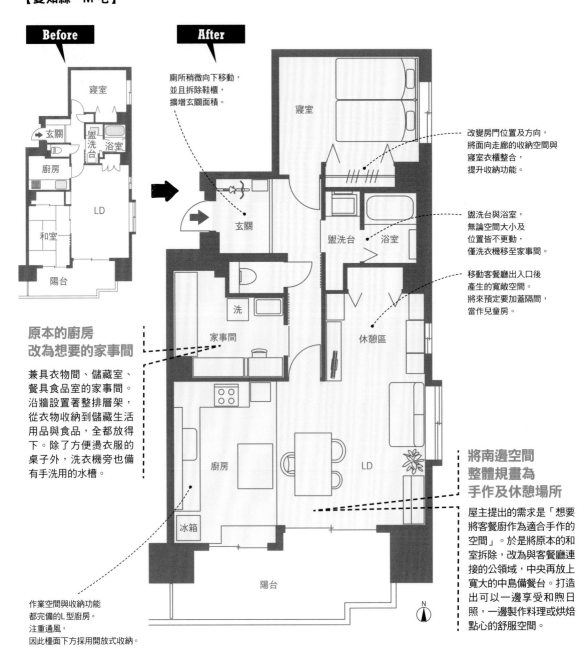

1.廚房使用裝修公司原創設計的廚具。中島備餐台除了方便每日料理，在家舉行聚會時，亦可作為自助餐台使用。地板使用了不怕水的磁磚。　2.左側深處即是休憩區。室內門及櫥櫃門，皆是原有門扉上漆再利用。　3.追求便利性的家事間，同時也兼具餐具食品室與家人衣物間的功能。一目瞭然的開放式層架，方便管理收納物品。　4.主要用於清洗髒污物品的「TOTO」實驗用水槽。「抹布或鞋子都能集中在這裡清洗，令人開心！」

5.原本放置深色大鞋櫃，充滿壓迫感的玄關。撤掉鞋櫃後，成為能夠悠閒進出的寬敞玄關，在此穿脫雨衣也變得更加輕鬆。　6.參考國外雜誌，選用典雅花樣壁紙的寢室。

## Data

| | |
|---|---|
| 家庭成員 | 夫婦＋1個小孩 |
| 屋齡 | 17年 |
| 室內面積 | 約70㎡（約21坪） |
| 裝修面積 | 約70㎡（約21坪） |
| 裝修部分 | 整體 |
| 工期 | 2012年6月～8月 |
| 設計・施工 | リノキューブ https://reno-cube.jp |

攝影／山口幸一

# 長方形格局

## CASE 10

**縮減一個房間面積，**
**擴大玄關並增設衣物收納櫃。**
**整併過多的房間，**
**創造出無論身處何處都舒適寬敞的空間。**

**【兵庫縣．U宅】**

### 比起居室還好用的生活空間完成！

考慮到「房間雖多卻難以活用」，於是縮減房間面積重新隔間，擴大玄關空間並增設衣物櫃，因為還放置了全身鏡與長凳，能夠更舒適地整理儀容。

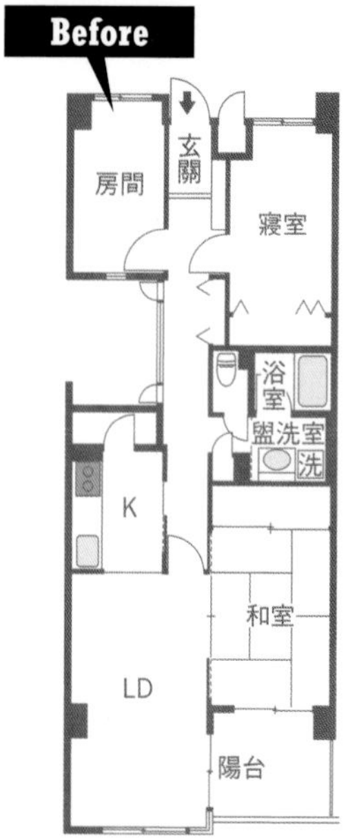

Before
房間
玄關
寢室
浴室
盥洗室
洗
K
和室
LD
陽台


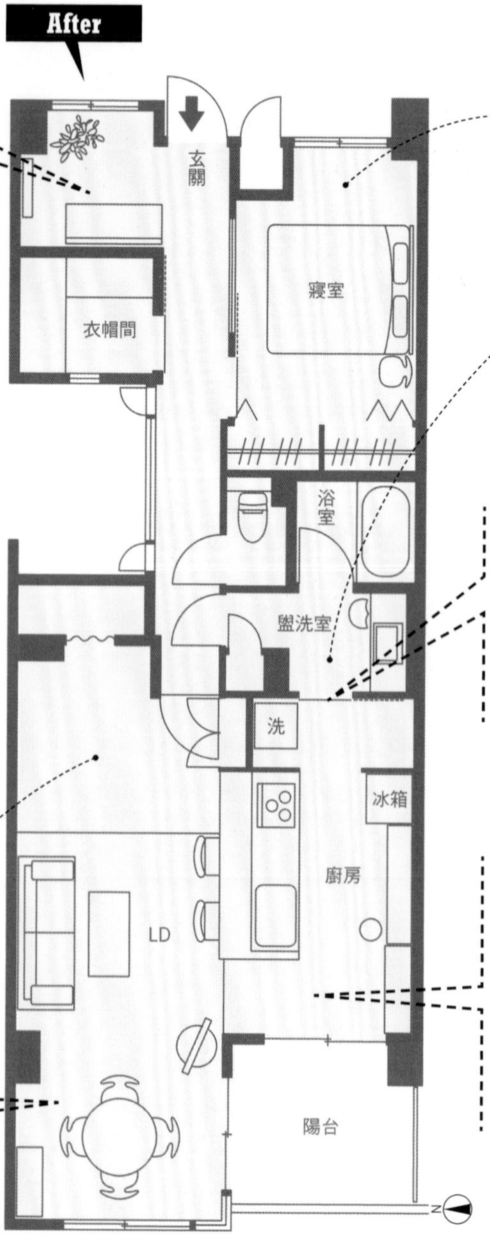

After
玄關
寢室
衣帽間
浴室
盥洗室
洗
冰箱
廚房
LD
陽台
N


拆除玄關與走廊的收納空間，擴增寢室面積。為節省空間，將房門改成推拉門。

洗衣機移至廚房旁，盥洗室則設置了能坐下慢慢整理儀容的洗臉台。

### 重新設定衛浴及廚房的空間動線

盥洗室占用原本和室的部分空間，並且使用拉門作為區隔，與洗衣機、廚房串連在一起。方便的動線有效提升家事效率！

將原本的廚房空間融入客餐廳，讓休息場所寬敞而完整。地板下方有管線通過之故，只有這裡的地坪架高一階。

### 徹底改變廚房格局換來充滿開放感的理想空間！

以前的廚房是帶有壓迫感的獨立空間。翻修後移至陽台一側，成為開放的對面式廚房，打造出舒適的家事空間。從洗衣機到陽台的曬衣動線也很順暢。

### 餐廳化身可彈性使用的房間

現在的餐廳，是個兩面採光的舒適空間。將來小孩出生之後，只要加蓋隔間，即可改為房間使用。

1

4

3

2

1.客餐廳使用價格划算且具有質感的復古風地板，牆壁及天花板則是自行DIY上漆，節省工程費用。右手邊的沙發牆預定要掛上大型鏡子，因此事先作了補強。　2.廚房牆面刷塗了黑板漆，面向客廳一側則是方便食用早餐或輕食的簡易吧台。　3.位於陽台旁的廚房既明亮又通風。後方的收納空間不採用木作家具，而是活用市售的收納櫃及層板架。　4.寢室牆壁以壁紙來降低成本，講究配色的屋主，選用了柔和的灰藍色。

6

5

5.直接在檯面放上面盆的簡單設計，令人聯想到飯店的盥洗台。桌面使用防水性佳的美耐板。右手邊則是通往廚房的拉門。　6.鋪設灰色磁磚的走道。光線從左側的公共走廊窗戶進入，空間也十分寬敞。

**Data**

家庭成員……………………… 夫婦
屋齡…………………………… 29年
室內面積……………………… 68.41㎡（20.69坪）
裝修面積……………………… 68.41㎡（20.69坪）
裝修部分……………………… 整體
工期…………………………… 2012年9月～11月
裝修費用……………………… 約795萬日圓
設計・施工…………………… ウィル空間デザイン
www.wills.co.jp/reform

攝影／松井ヒロシ

將廚房&收納空間
融入回遊動線中是其重點。
打造出自然貫穿各個空間的動線，
讓家事及日常起居暢行無礙。

# 正方形 格局

## CASE 1

【愛知縣・M宅】

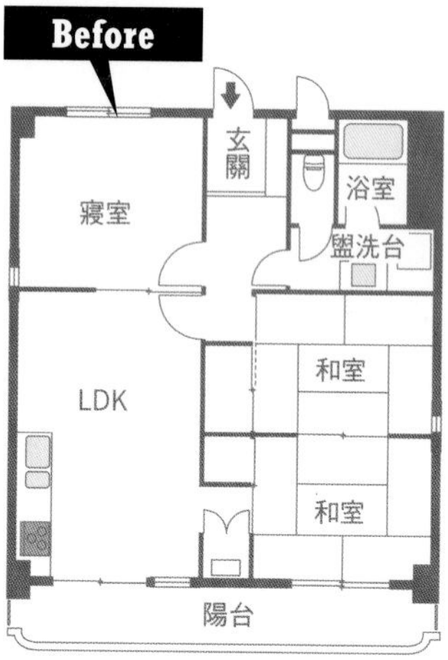


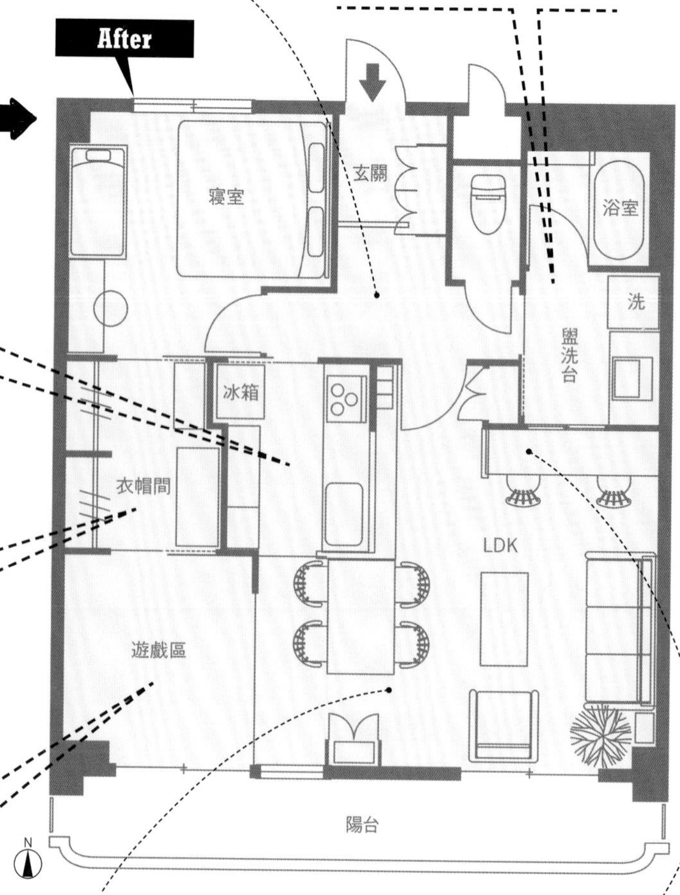


原本被牆壁、房門重重包圍，
毫無自然光照射的玄關。
藉由拓寬入口空間、
加裝玻璃的客廳室內門，
消除昏暗狹小的感覺。

### 有效利用室內窗打造光的通道

原本昏暗封閉的盥洗台，透過客餐廳隔間牆上的室內窗，成為明亮舒適的空間。加大的面積再也不顯侷促。

### 回遊式廚房格局打造高效率家事動線！

在居家空間的中心設置廚房。玄關與餐廳雙方向皆可進出的設計，讓家事動線順暢無比。站在水槽前還能縱覽整個客廳。

### 雙向連通的收納空間

從寢室與遊戲區皆可進出的衣帽間。無論拿取或收納衣物都很輕鬆，通風良好不易積聚濕氣也是優點。

### 將來可改為個人房的彈性空間

現在的設計，是方便從客餐廚照顧幼兒的開放式遊戲區。隨著孩子的成長，預計加蓋隔間牆作出獨立房間。

拆除和室與客餐廚之間的隔間。
形成舒服寬敞的空間，
並且得以從南邊灑落一室陽光。

方便全家人共用的
電腦作業空間，
設置在客廳一角。

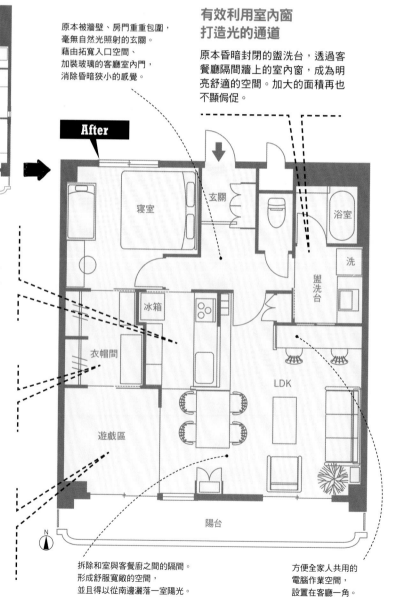

1.將原本相鄰的兩間和室合併成寬敞的客廳。灰泥粉刷的牆壁，僅沙發牆另外上色，作為重點設計牆面。　2.室內窗的窗框與房門使用相同色漆。除了提升空間的明亮感之外，亦是家居裝潢的美麗妝點。　3.室內窗的另一側是盥洗台。壁面以小巧的馬賽克磁磚裝飾，清新簡潔宛如置身巴黎的公寓。　4.廚房流理台與餐桌呈I字型排列，只要橫向移動就能擺放菜肴或收拾桌面，十分方便。流理台下方的客廳面則是設計成書櫃。

**Data**

| | |
|---|---|
| 家庭成員 | 夫婦+小孩1人 |
| 屋齡 | 36年 |
| 室內面積 | 68.00㎡(20.57坪) |
| 裝修面積 | 68.00㎡(20.57坪) |
| 裝修部分 | 整體 |
| 工期 | 2011年2月～4月(約45日) |
| 裝修費用 | 約980萬日圓(含設備・木作家具) |
| 設計・施工 | アネストワン一級建築士事務所<br>www.anestone.com |

5.連接玄關＆走道，以及餐廳、遊戲區動線的廚房。重視功能性及後續維修保固的屋主，選擇了系統廚具，後方的收納空間也很完備，使用十分順手。　6.走道式衣帽間。約1.5坪的空間，集中收納了全家人的衣物用品。

攝影／山口幸一

原本面朝牆壁的廚房，
轉向成為客餐廳中心的格局。
加強連結將客廳＆餐廳合為一體，
讓一家人的團聚時光更緊密。

# 正方形 格局

## CASE 2

【東京都・F宅】

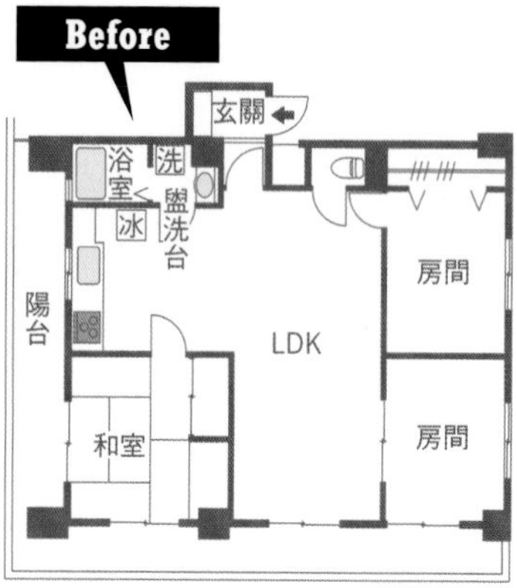

Before
玄關
浴室
洗
盥洗台
冰
陽台
LDK
房間
和室
房間


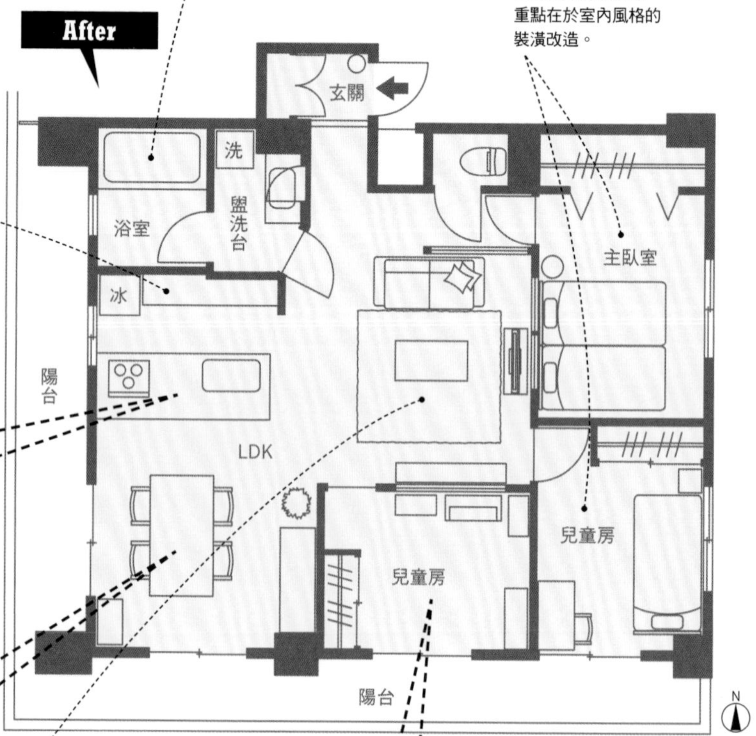

After
玄關
洗
浴室
盥洗台
主臥室
冰
陽台
LDK
兒童房
兒童房
陽台
N


變更隔間牆，
增加狹小衛浴的使用空間。
改換的整體浴室也更加寬敞。

兩間臥室原樣保留，
重點在於室內風格的
裝潢改造。

原本靠牆的一字型廚房，
改成對面式的開放廚房。
後方新增的落地廚櫃與上方吊櫃，
大幅充實收納空間。

### 能夠一覽客廳與餐廳的廚房

位於L型連接處的對面式開放廚房，剛好在客廳及餐廳的正中間。不僅可以享受明亮的家事空間，也很方便與家人互動。

### 留下最好的位置──明亮且視野絕佳的餐廳

位於兩個陽台交匯處的絕佳空間。拆除原本的和室，作為家人聚集重點的餐廳。空間帶來的整體感，能夠輕鬆感受來自廚房與客廳的動向。

考量到一家人齊聚客廳的
休息時間多在晚上，
所以將客廳規畫在住宅的中央處，
而非窗邊。
為了增加廁所的隱蔽性，
因此在沙發背後增設隔間牆。

### 建構從房間通往客廳的採光設計巧思

在南邊新增房間，讓兩個小孩各自擁有房間。為了將陽台的自然光引進住宅中心，因而在客廳側的隔間牆設置了大尺寸的室內窗。

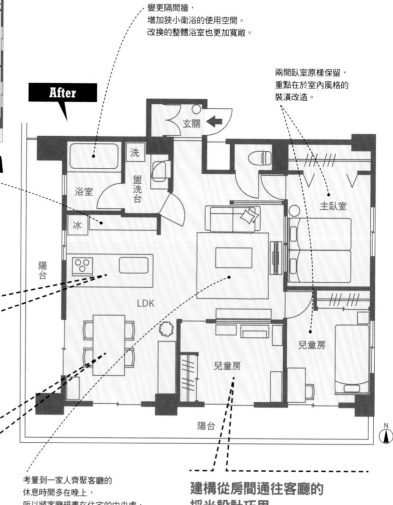

1.選用淺藍灰與白色打造出窗明几淨的廚房。寬度、深度都十分充裕的流理台，帶來方便作業及足夠的收納空間。　2.廚櫃面板皆為上漆的木材，塗料特有的溫度更能襯托出洗練簡約的線條。　3.兩間兒童房都需要經過客廳才能進入，增加面對面交流的機會。沙發後方是特地為了隱藏洗手間而設的隔間牆，大片毛玻璃將光線引進通道內側。　4.客廳沙發正對著設有室內窗的兒童房，日後予定依需求裝設房門。

## Data

家庭成員………………夫婦＋小孩2人
屋齡……………………35年
室內面積………………約80㎡（約24坪）
裝修面積………………約80㎡（約24坪）
裝修部分………………整體
工期……………………2012年1月～3月
設計・施工……………FILE
www.file-g.com

5.因面積增加而更好使用的盥洗台，材質及顏色皆與廚具相同。　6.位於東南角的兒童房，擁有行道樹帶來的滿窗綠意與絕佳視野。改變房門位置、增設收納空間，書桌則沿著新建的牆壁置於窗邊。



攝影／佐々木幹夫

# 正方形格局 CASE 3

## 拆除狹小的封閉式廚房，實現理想的開放式中島廚房。帶著愜意處理家事之餘，更能盡情享受親友相聚的派對時光！

【東京都・H 宅】

Before

陽台
陽台
主臥室
LD
浴室
盥洗台
洗
陽台
冰
K
玄關


After

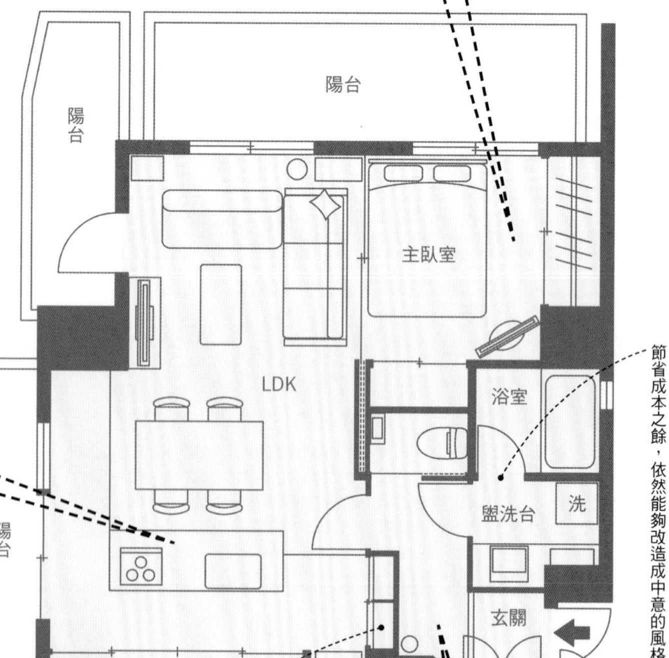

陽台
陽台
主臥室
LDK
浴室
盥洗台
洗
陽台
玄關
冰箱
N


**推開拉門**
**立即與客餐廳相連的寢室**

將衣櫥移至牆邊，房門改為面向客廳。寬敞的大型拉門全開時，與客餐廳串連為一體。與獨立房間相較，通風也更加良好。

**設想來訪人數眾多**
**基於聚會使用**
**舞台般的中島式廚房**

將廚房移至感受得到陽光及清風吹拂的陽台旁。一邊作著最喜歡的料理，一邊款待來訪的客人，因此採用了方便與客人交流的中島式廚房。

衛浴空間的大小及位置皆不更動，只是換新設備，節省成本之餘，依然能夠改造成中意的風格。

沿著牆面設置了大片拉門，
裡面是足以收納大量食材與食器的空間。
客人來訪時將拉門關上，
就能將生活感藏起來。

廚房收納一角，
此處作為書籍的收納空間。
拉門內放置了市售的書櫃。

**從玄關到客餐廳**
**動線自然順暢**

移動廁所位置，同時南移客餐廚的出入口。從玄關只要短短幾步即可直接進入廚房，採購回家時，搬運物品變得輕鬆多了！

1.能夠展現H先生廚藝的「男子漢廚房」，以不鏽鋼的冷硬質感打造出性格空間。中島式流理台朝向餐廳的面板，選用與地板相同的材質，呈現統一感。　2.窗邊的牆面收納，活用為食品餐具儲藏，自己釀的利口酒及調味料並排在此。　3.打開臥室拉門，形成延伸至客餐廚的開闊空間。後方的白色拉門則是移動後的衣櫥。　4.被兩個陽台包圍的明亮客廳。客人來訪時再將寢室的拉門關起即可。

## Data

家庭成員……………… 情侶
屋齡…………………… 15年
室內面積……………… 約56㎡（約17坪）
裝修面積……………… 約52㎡（約16坪）
裝修部分……………… 幾乎全部
工期…………………… 2012年7月～9月
裝修費用……………… 約850萬日圓（不含設計費）
廚房約170萬日圓（屋主自費部分除外）
廚房設計……………… ekrea　http://ekrea.jp
裝修施工……………… 沖野充和建築設計事務所　www.okinomi.com

5.考量成本費用之下，依然能夠打造出注重設計感的盥洗空間。選用「sanwacompany」的面盆及「GROHE」的龍頭，簡單明快。

攝影／佐々木幹夫

# 正方形格局

## CASE 4

**玄關直通客餐廳，**
**將零碎的衛浴空間整併合一。**
**削減浪費的無用空間，**
**讓家中每一處都顯得清新明亮。**

**【東京都・W宅】**

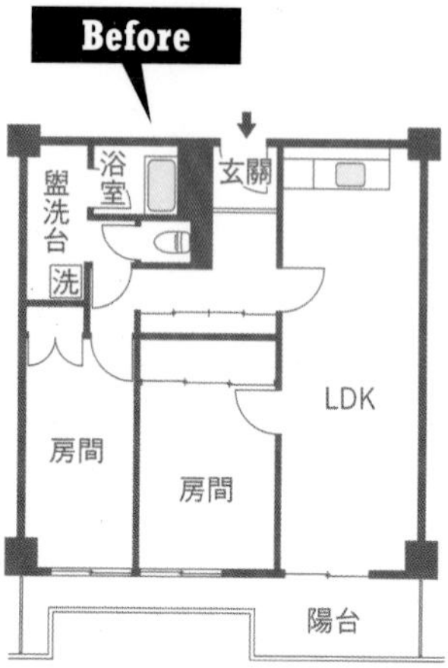


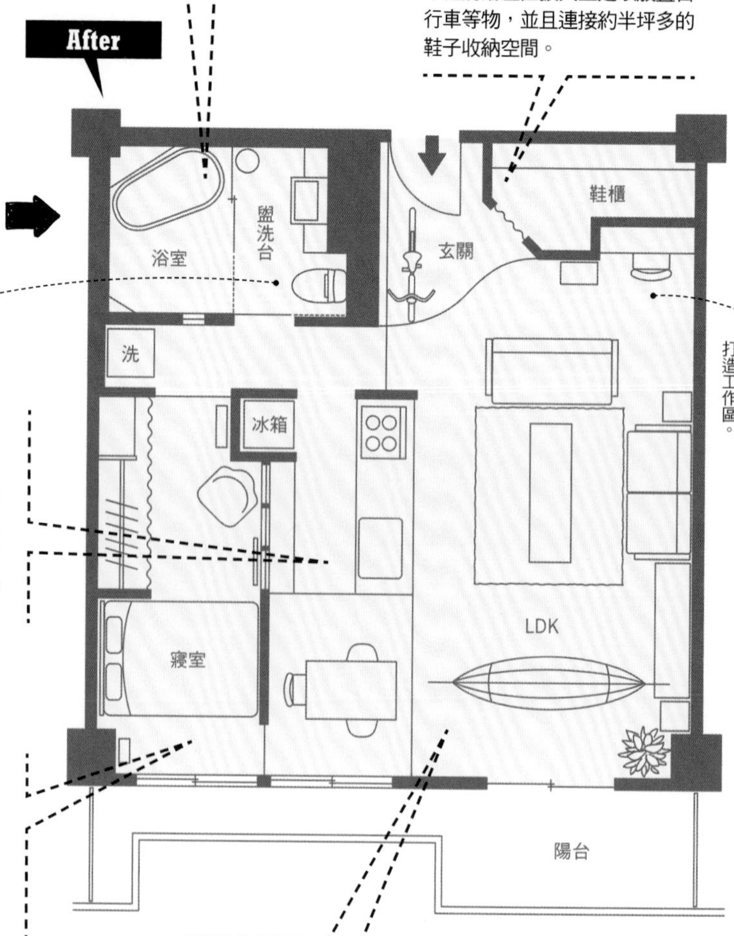


### 浴室裝設室內窗 提升明亮度

浴室與盥洗台以玻璃作為乾溼分離的隔間，同時減少壓迫感。並且在浴室靠走道的一側裝上細長型的窗戶，引進自然光。

### 擴大玄關落塵區 增設大型鞋子收納區

原本連鞋櫃也沒有的狹小玄關，不僅將落塵區擴大至足以放置自行車等物，並且連接約半坪多的鞋子收納空間。

盥洗台一旁即為廁所，二合一的設計能有效解決空間狹小問題。

鞋子收納區的一角內縮，客廳側這面則嵌入固定式層板，打造工作區。

### 融入回遊動線 形成順暢的行動模式

原本位於北側的靠牆式廚房，移至住宅中心。透過對面式的格局，能一邊作業一邊與家人交談。從玄關跟餐廳都能夠進出，作業中的移動也很順暢。

### 從客餐廚引進光＆風 大幅提升居家舒適感

主臥室位於窗邊的出入口不設門扉，並且在廚房後方的牆壁裝設室內窗，改善採光及通風。沿著牆面設置了大容量的衣物收納區。

### 拆除造成狹小的隔間 改造成 單一開放大空間

原本與客餐廚相鄰的房間、走道上的收納空間，到玄關入口的隔間全部拆除。毫不浪費任何空間，打造出寬敞舒適的客餐廚公領域！

1.原先的室內裝潢使用塑膠地板及合板材質，裝修時全部改用自然素材。地板採用刷塗「Livos」保護油的栓木原木，牆壁以灰泥粉刷。　2.廚房移至住家中心，並且融入回遊式格局。背後的室內窗為主臥帶來明亮採光。　3.設於客廳一角的工作空間，方便在此使用電腦。　4. 主臥內設置了高至天花板的衣物收納區。衡量使用方便性及成本後，以拉簾取代門片作為遮擋。

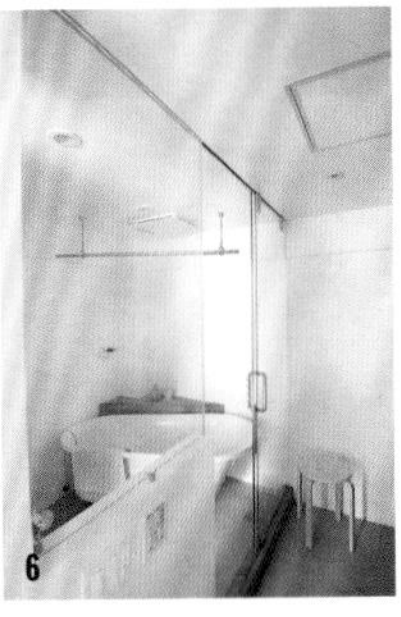

5.拆除玄關與客餐廳的隔間牆及室內門，將起居室及入口融合一體。再以設計別緻的弧形台階區隔空間。　6.玻璃門＆隔間提升了浴室的開放感及明亮度。獨立式貓腳浴缸營造出個性又放鬆的空間。

## Data

家庭成員………………夫婦
屋齡……………………44年
室內面積………………57.60㎡（17.42坪）
裝修面積………………57.60㎡（17.42坪）
裝修部分………………整體
工期……………………2012年1月～2月
裝修費用………………約988萬日圓（含設計費）
設計・施工……………スマサガ不動産
http://suma-saga.com

攝影／千葉 充

減少房間數量實現大空間，
藉由地板高低差，明確劃分區隔。
打造悠閒休憩的客餐廚，
同時具備方便高效的收納空間。

# 正方形 格局

## CASE 5

【愛知縣・M宅】

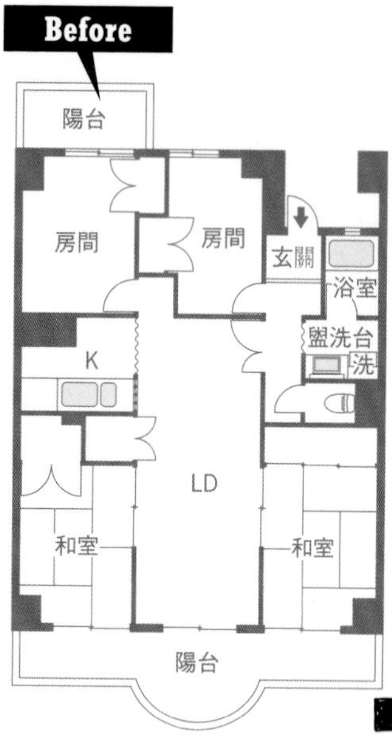

Before
陽台
房間
房間
玄關
浴室
盥洗台
洗
K
LD
和室
和室
陽台


縮減客房面積，擴大廚房空間，日常使用更方便。

拆除北邊的房間，打造大容量的衣帽間。走道對面沿牆製作了固定式的鞋櫃。

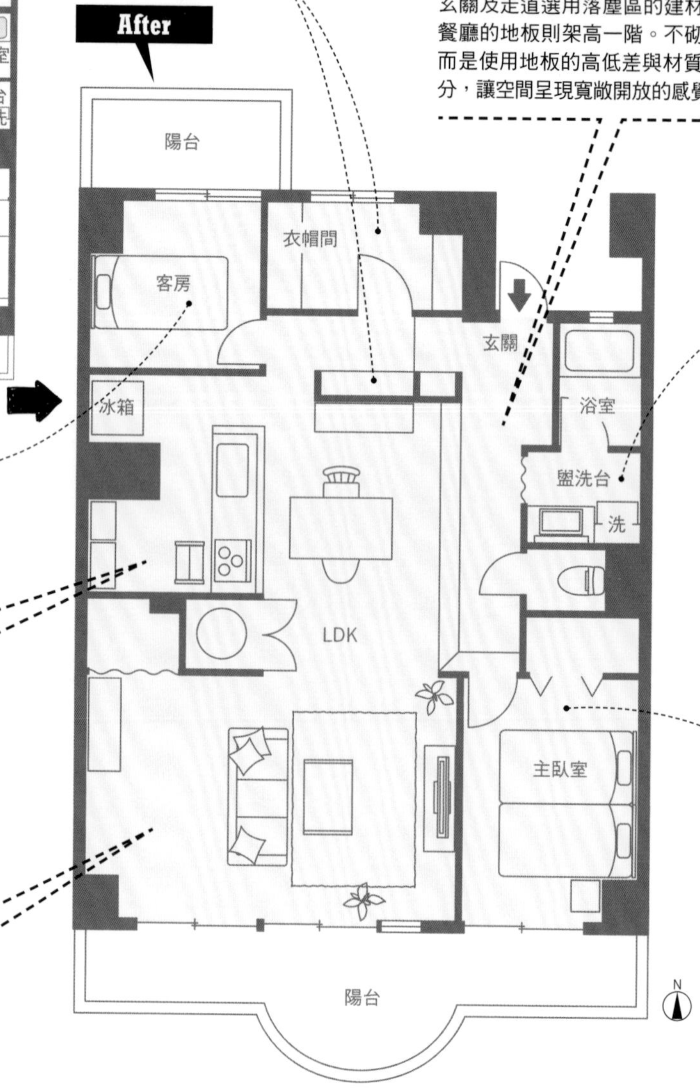

After
陽台
衣帽間
客房
玄關
冰箱
浴室
盥洗台
洗
LDK
主臥室
陽台
N


### 利用落塵區＋高低差區隔寬敞空間

玄關及走道選用落塵區的建材鋪設，客餐廳的地板則架高一階。不砌牆分隔，而是使用地板的高低差與材質變化來劃分，讓空間呈現寬敞開放的感覺。

僅更換盥洗台、浴室、廁所的設備，格局大小皆保持原樣。

### 整體隔間大致不變透過功能性格局變更讓生活更舒適

將昏暗封閉的獨立廚房，改為對面式的開放空間。一邊享受客餐廳引進的明亮氛圍，一邊在工作時還能聊天。

和室改為主臥，日式壁櫥也改成一般衣櫥。

### 藉由南邊兩扇大型落地窗形成引光入室的格局

拆除南邊的另一個和室，開拓為方正完整的客廳。移除隔間後，明亮度及空間感都有感提升！

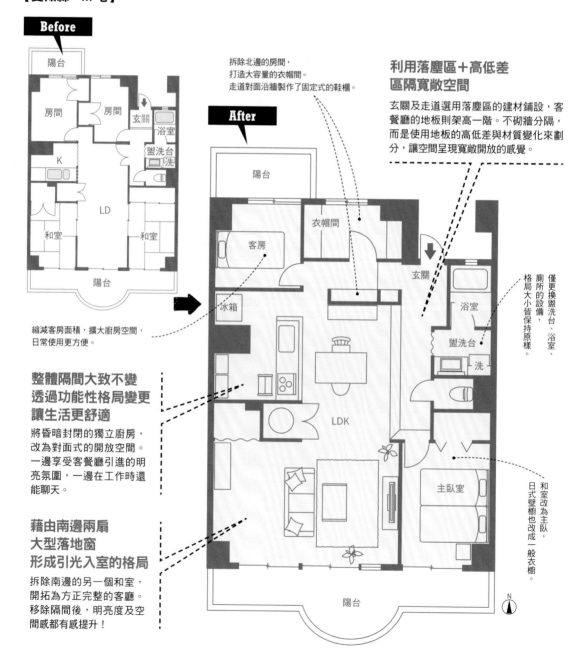

1.拆除隔間，改造成一整個開闊空間的客餐廚，斜向排列的地板讓視覺延伸更顯寬敞。廚房流理台外圍，採用冷調質感的水泥建構腰壁。 2.較低的落塵區，從主臥門前延伸至玄關。右側的拉簾後方是盥洗台。 3.結合鐵框架及不鏽鋼檯面的LOFT風格廚具，是裝修公司的原創設計。

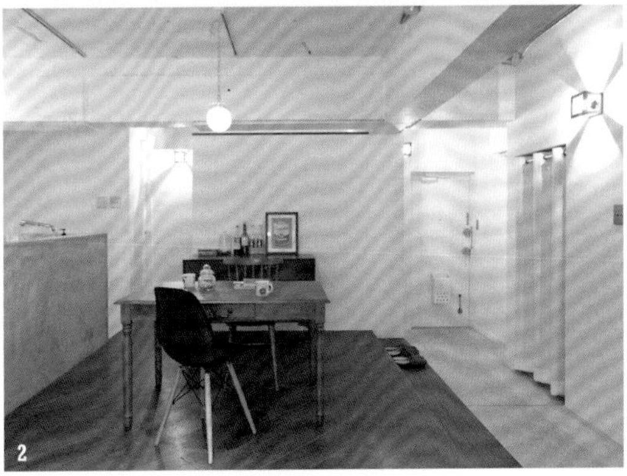

4.直接在木質收納櫃上方放置面盆，完成簡約又清爽的檯面式盥洗台。開放式的收納櫃，結合市售收納盒進行歸整。 5.客餐廳鋪設松木原木地板，客人不太會看到的主臥室則使用便宜的合板材質，牆壁一面刷塗了沉穩的卡其綠油漆。

## Data

家庭成員……………… 夫婦
屋齡……………………… 32年
室內面積……………… 82.27㎡（24.89坪）
裝修面積……………… 82.27㎡（24.89坪）
裝修部分……………… 整體
工期……………………… 2011年12月～2012年2月
設計……………………… エイトデザイン
http://eightdesign.jp



攝影／松井ヒロシ

# 室內裝潢建材&設備展示間

現今很流行宛如咖啡廳的
時尚感空間。
經年累月使用後的質感，
或是帶有手作溫度的質樸，
都能打造出放鬆閒適的氛圍。

for
## Café Style
咖啡廳風

### 黑板漆的牆面&門片
具有手繪菜單風情的黑板。只要利用原有門片塗上黑板漆即可，環保又省錢。

### 仿舊加工的杉木地板
刷塗灰色柔色劑，即可製造出陳舊感的杉木板材。價格便宜又柔軟，十分適合進行加工。

### 灰泥牆
光澤感比珪藻土低、質感比油漆更有深度，是非常具有咖啡廳風格的建材。即使DIY作出粗糙的手感也別有風情。

### 鐵製的把手&名牌板
專注細節可以營造出更佳的質感。屋主可以直接採購一些不影響施工的裝飾性配件，交由施工人員安裝。

### 使用舊木料
又稱「古董木」或「回收木」，可以作為層板等裝飾重點來使用。

### 磚塊造型磁磚
磚塊磁磚是將磚塊打碎後混合水泥及砂漿，輕量及薄型化後的產品。也可以自行DIY。

攝影／坂本道浩、主婦之友社攝影課

# Part 3

# 以空間分類・不失敗的公寓裝修訣竅

公寓大樓與獨棟住宅不同，有著許多限制。
有時候必須妥協於這些麻煩的規定，
再進一步尋求符合理想生活的裝修方案。
本章將依「玄關」、「客廳」、「餐廳」等空間作為分類，
介紹設計方案及選用裝潢建材的技巧。

採訪協力／「空間社」朝倉美由紀小姐

# 玄關

狹小、昏暗、收納空間不足！改造「三重苦」的公寓玄關，
實現符合生活習慣又順手好用的個性空間。

## 擴大玄關落塵區，打造寬敞空間。整理出所有想要收納的物品，思考時尚的收納方法。

中古公寓的玄關通常狹小且沒有什麼收納餘地。因為是每天必定會使用的場所，希望成為更舒適的空間也是理所當然。想解決進出時的「擁塞」問題，又希望保持清爽無雜物外露的狀態，因此在翻修時應需求拓寬玄關面積、擴充收納的案例比比皆是。實際上，想要收納在玄關的物品並不只有鞋子及雨傘。像是嬰兒車、兒童三輪車、兒童腳踏車安全帽及運動用品等，占空間的物品非常多，既有的收納方式根本不夠用。

大部分擴增玄關的方法，是縮減相鄰居室面積，用以加大玄關的落塵區。而擴大的落塵區不但能夠放置衣帽架和穿衣鏡，甚至還能用來收納休閒自行車&工具，或戶外用品等。如果靠近公共走廊的窗戶位於落塵區內，導致相鄰房間沒有窗戶，不妨在隔間牆上裝設室內窗，改善採光及通風。若是擴增部分的地板下方有管線通過，則會變成配管外露，使落塵區無法增加空間的情況發生。

因為公寓大樓住戶的玄關門屬於公共統一部分，無法改變，想要展現個性就必須從其他地方來下功夫。近年來也很流行開放式收納，運用走道牆壁搭配設計感掛勾或鷹架踏板等，製作開放式層架，如同店面般陳列，展示蒐購的帽子、鞋子的案例也很多。

挪用隔壁房間的部分空間，打造出足以擺放自行車的寬敞玄關。鞋子收放於開放層架上，宛如商店般的展示收納法。

# 客廳

將空間狹小的公寓房間，改為寬敞客廳。
以打造輕鬆交談的居家空間為目標吧！

**與餐廳或廚房互相連結的開放式空間是現今主流。規畫整合收納及工作區等必要的機能空間。**

重視房間數量，是舊公寓的時代特色，因此格局多為使用牆壁及拉門隔出小房間的形態。然而近年來，比起較多的房間數，屋主們更期望擁有能夠聚集家人的客餐廳大空間。以前多是獨立型的廚房，現在也演變為與家人溝通對話的主要場所，在開放空間中與客廳串連的設計也增加了。為了盡量減少小孩獨自待在房間裡的時間，有些在寬敞客廳裡設置了全家人都方便使用的長桌，客廳的空間規畫也愈趨多樣化。

為了實現寬敞的客餐廚空間，評估房屋的重點不在既有房間數及面積，而是便於重新規畫理想格局的物件。如果能與委託的裝修公司人員或設計師等專業人士一同實地察看，就可以馬上進行判斷；像是空間會比預期來的小，但仍有可能打造符合需求的居住環境。

餐廳＆廚房與開放式客廳相連的格局。沿著牆面分別設置電視，與電腦桌。（S宅　設計・照片提供／空間社）

# 客廳

LIVING

**打通後牆面有限，要注意電視擺放位置與收納空間。變更地坪鋪設材料時，要確保隔音功能。**

**將**房間之間的隔間拆除，擴展成寬敞客廳時，要注意電視的擺放位置及收納空間。尤其大螢幕的電視，基本上還是希望背靠牆面，隔間減少也代表擺放的位置會受限。是想要要邊吃飯邊看電視呢？還是在坐在客廳沙發時看？或是不要放電視等……裝設的位置在裝修規畫初期就要討論定案。令人意外的是，比起在客廳沙發看電視，在餐廚區休憩時間比較長的家庭也很多。如此一來，或許餐廚空間規畫得較客廳寬敞會比較好。討論要以哪個空間為主，找出適合自己生活方式的格局吧！

在翻修時最想改變的所有室內裝潢中，工程影響關係最大的就是地板鋪設。最近廣受歡迎的，是質感良好的原木材地板，但目前日本大部分的公寓大樓，管理規約都有限制地板的隔音等級（※）。請在符合規定的條件下選擇地板建材，或是先進行鋪設隔音墊等確保隔音功能的工程，再來決定地板材料與鋪設方法。

**※隔音等級**
表示不容易傳到下層樓層的衝擊音數值。腳步聲等重量衝擊音，與物品掉落的輕量衝擊音，以L值（LH、LL）標示時，數值愈小隔音功能愈好，以Delta-L等級（ΔL）表示時，數值愈大功能愈好。日本現階段通用標示為ΔL等級。台灣建材多以實驗室檢測隔音的STC值標示，數值愈大隔音功能愈好。

# 房間面積加大之後，必須考慮冷暖氣的效率。此外還須注意大型通風口的溫度隔絕對策。

空間面積增加之後，也要考量冷暖氣效率的問題。雖然翻修時可以在牆內加上隔熱材，但是需要不少費用。相較之下，在空氣流動的大型窗戶等通風口加強隔熱，效果會更好。最近興建的公寓大樓，標準配備多為使用雙層玻璃的雙層窗，但舊公寓是單層玻璃居多，窗扇空隙也容易透風。窗扇如有規定或劃入公共部分，導致難以更換的情況下，可以在室內側加裝一層內窗。如此即可形成雙層窗，隔熱及隔音效果都會大幅提升，對於車流量大又在意音量的道路旁住家也有效果。內窗可以入住之後再加裝，如果擔心初期成本（※）預算或窗戶清潔、出入陽台時必須開關兩次等狀況，不妨居住一段時日再判斷是否有需要，另外加裝即可。

部分公寓的牆壁上設有通風口，老舊的通風口密閉性不佳，即使關閉仍會有風從空隙吹入。可以選擇在室內加裝蓋子或替換成新品，這部分也一併考量吧！

人字形排列的木地板，營造出雅致韻味的客廳，並且由屋主自行DIY完成地板上漆。牆面採直接呈現建築構造之美的風格。
（S宅　設計．照片提供／空間社）

**※初期成本**
裝修時的經費等，初期支出的成本，亦即初期費用。相對來說，入住之後的生活水電費等，則稱為運行成本。

# 餐廳

餐廳的格局設計重點，掌握在與之關係密切的廚房。
從餐桌尺寸、擺放方式到日常使用習慣，都要列入規畫的考量範圍。

## 注重與廚房之間的行進動線，再來選擇對面式、或直列式的串接格局。

舊公寓的餐廳及廚房，多為中間隔著出餐口的格局，最近翻修的主流則是將餐廳、廚房以開放空間相連，成為通透一體的公領域。大多數採用餐廳與廚房面對面的設計，不過，廚房流理台直接與餐桌相連的直列式格局也很流行。

直列式設計容易讓料理者和食用者聚在一起，適合注重溝通的家庭，要注意的則是動線安排。必須繞過餐桌才能進入廚房的動線，在購物回來整理食材，或拿取冰箱飲料時會比較費功夫。最好是還有其他路線的雙通道設計。

移動廚房位置，成為與餐廳相連的開放式空間，首先必須注意管線配置問題。舊公寓大多是埋管方式，就算是架高地板（※），也有管線不是在自家樓地板下方，而是位於下方樓層天花板夾層（※）的情況（參考P.11圖示）。在移動管線時，可能需要架高地板，在樓地板的混凝土之間預留空間，以便放置變更後的新管線。因為需要作出角度才能讓水路順暢流動，架高地板會占用不小的空間，亦即餐廳及客廳的天花板會感覺比較低。

DINING

**※天花板隔間**
天花板板材（＋角材）與上方樓板之間，形成夾層空間的構造。在水泥樓板下方作好骨架，再加上專用吊筋或角材，再將天花板材釘在骨架上，作出隱藏管線的夾層。有大面積平鋪的平頂天花板、加入間接照明的造型天花板，還有局部遮蔽管線的包梁等各種變化。

**※架高地板**
在樓地板構造的水泥粉光層上方，放上支架螺栓或角材架高後，再鋪設夾板、地板材，形成夾層空間的構造。中間預留出來的空隙，即可方便管線安裝。相對地，直接在樓地板鋪設夾板與地板材的方式，稱為「平鋪地板」。

## 因為是匯集水路與電線必定需要配管的場所，請盡早決定家具位置為宜。

近來興起的工業風潮流，也帶來了直接裸露天花板及配管，藉此提高客餐廳室內高度的案例。平鋪地板的情況，除了自己家中的排氣管成為明管之外，因為還有樓下的配管，會比較容易聽見排水等聲音。構造上因為少了天花板夾層之間的空氣層，因此隔音．隔熱效果會較差，可能聽得見樓上的腳步聲之類；若位於頂樓，夏天日曬溫度也會更高。是否需要進行天花與地板的空氣緩衝夾層，必須要好好考量。

照明方面，相較於結合裝潢本身的間接照明，吊燈反而是比較受歡迎的人氣選擇。無論選購家飾用品店看中的設計，或古典風格的燈具，都能增加不少居家趣味。要在餐廳安裝吊燈，先決條件就是必須定下餐桌的位置。若是會有依需求移動的狀況，可安裝具有導軌（※）的軌道燈，或加裝可調整吊燈位置的掛勾。壁燈要先規畫牆面上的配線，建議在翻修時一併安裝好。

廚房與開放式設計的餐廳。照明使用安裝於導軌上的吊燈及聚光燈。（S宅　設計．照片提供／空間社）

**※導軌**
將通電的導軌放置於喜歡的位置，即可安裝複數照明器具的零件，合稱為軌道燈。裝在導軌上的聚光燈及吊燈等，能夠依需求輕鬆移動位置或照明方向。

# 廚房

狹小的公寓廚房經常有著人多時不易作業，收納容量不足的問題。
從各式各樣的風格當中，挑選最符合個人生活方式的廚房吧！

## 思考廚房的使用方式來選擇格局。組合隱藏&展示的收納方式，方便物品的更新汰換。

中古公寓大樓的廚房多為封閉式的格局。設計裝修方案時的重點，在於是否考慮將廚房作為與家人及客人互動的場所。最近比較多的需求是「希望大家可以一起使用」、「開放式空間」。特別是有小孩子的家庭，是希望能在作事的同時看顧小孩，還是只要偶爾回頭看一下就好，依需求來討論廚房的配置方向吧！

開放式廚房的格局，若採用廚房設備與餐廳對面式的設計，且背後壁面規畫了頂天櫥櫃，就能輕鬆擁有放置微波爐等家電的大容量收納空間。另外，放在通道上的垃圾桶很占空間，最好事先在水槽或吧台下方規畫垃圾桶擺放處。也要注意開放式空間的陳列物品，有必要保持令人感到舒適的外觀。對面式的廚房流理台，也可以安裝擋板來遮蔽台面作業。廚房收納不妨區分為隱藏及展示兩種，方便物品的汰換。

即使想要打造完全的開放式廚房，若是磚混結構的公寓大樓，可能會遇到結構牆無法拆除，格局不太能變更的情況，購屋時的確認很重要。

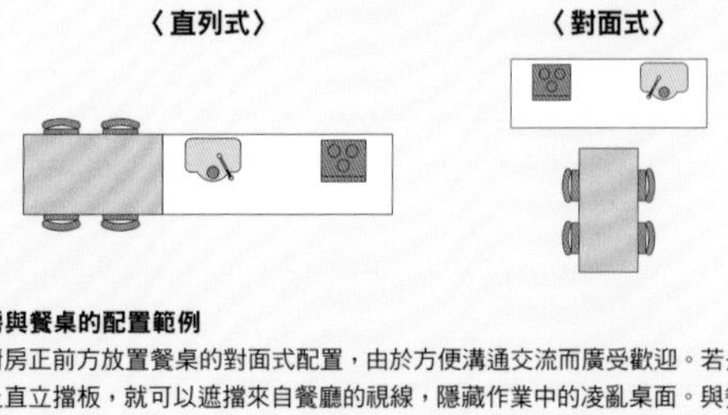


**廚房與餐桌的配置範例**
在廚房正前方放置餐桌的對面式配置，由於方便溝通交流而廣受歡迎。若是在流理台裝上直立擋板，就可以遮擋來自餐廳的視線，隱藏作業中的凌亂桌面。與餐桌並排成一列的直列式配置，可以讓廚房及餐廳呈現一體感，從作菜、上菜到收拾整理，只要橫向移動就能完成，作業效率高為其特點。開放式廚房是會被看見的公領域，必須經常保持整潔。

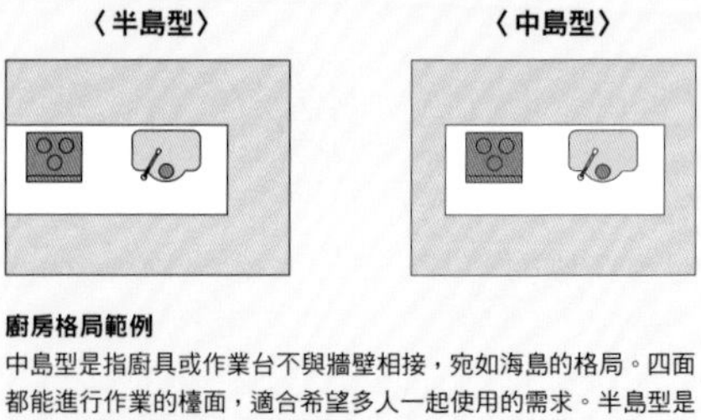


**廚房格局範例**
中島型是指廚具或作業台不與牆壁相接，宛如海島的格局。四面都能進行作業的檯面，適合希望多人一起使用的需求。半島型是指廚具或作業台的左右一方連接牆壁的設計。雖然比中島型省空間，但過長的吧台也會加長動線。

# 各種配管、空調排氣管等的移動，一定要事先確認地板下方及天花板內的構造。移動距離愈長，花費愈高。

廚房設備眾多，需要配管的工程也多，若是移動距離短就能節省成本。另外，短距離移動排水管較容易作出角度，可以避免大範圍重新鋪設或無需墊高地板（感覺天花板變低）。要移動換氣扇位置時，需考慮排氣管如何連接現有的排氣口。排氣口是各戶分開，大多數是直接排出屋外。雖然很少，但還是有部分舊公寓是各戶排氣口連接公用排氣管的狀況。也有排氣口不是設在天花板，而是在牆壁（現有抽油煙機後方）的案例，有可能無法使用預定的抽油煙機款式。

　廚房的地板，若是在板材下方鋪設隔音墊，基本上就可以選用磁磚等中意的建材。

面對餐廳的中島型廚房。後方組合了「看得見」與「看不見」的大容量收納空間。（H宅　設計／空間社　攝影／主婦之友社攝影課）

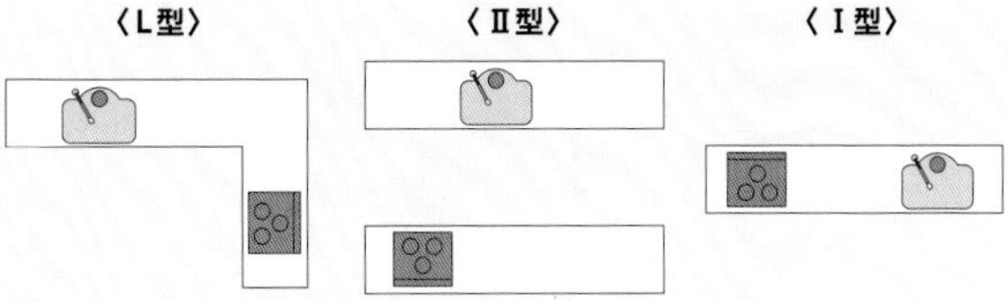


**廚房類型**

廚房類型有I型、II型、L型等，最受歡迎的是橫向移動即可完成所有作業，效率好的I型。水槽及爐口分成兩列的II型，作業時需要來回走動，例如要烹煮洗好的食材，就需要從水槽移動至爐口，中途滴水之類的情況容易弄髒地板，需注意。L型的狀況是作業效率好，但是轉角處的收納較困難，成本也稍微高些。

KITCHEN

# 盥洗台

幾乎都沒有窗戶，濕氣容易悶住的盥洗台。
裝修目標首重設計感，打造舒適且時尚的空間。

**正因為是限制較多的空間，才要精選配件及裝潢，創造出獨有的專屬風格。**

公寓的盥洗台，通常都是直接安裝市售的面盆組合，建議不妨在裝修時設計出原創風格。因為地方有限，即使講究些也不會花費太多，也有不少人覺得挑選盥洗台的磁磚十分有趣。因為是每天都會使用的場所，裝修成果容易令人產生滿足感。

很多人會分別挑選洗臉檯面、洗臉盆與水龍頭等配件，搭配出獨家設計。容易沾附水痕（※）的牆面貼上磁磚，地板鋪設的主流材質則是磁磚及ＰＶＣ製的地磚。鋪設木地板時，在浴室門口放置吸水腳踏墊就沒有太大問題。牆面可以使用塑膠壁紙或抗濕氣的灰泥。若想在盥洗台使用調節濕度效果較佳的珪藻土，由於成分依廠商而不同，要一併注意是否容易附著黴菌。

檯面式洗臉盆及開放式收納，減少壓迫感的盥洗台。
（S宅　設計・照片提供／空間社）

**※水痕**
水分沾附蒸發後殘留的痕跡。容易出現在盥洗台水龍頭與周邊牆面及洗臉盆周圍的桌面等。

# 安裝換氣設備來解決濕氣。如家族成員較多，亦可在別處增設洗手台，使用上也很方便。

公寓的盥洗台多半位於無窗之處，容易產生濕氣無法散去的問題。基本上換氣扇是必須安裝的設備。沒有獨立通風口的情況，可以與浴室或洗手間的換氣扇共用管道，或採用兩室換氣、三室換氣的方法，請在裝修時一起安裝吧！採用天花板隔間（※）的方式，安裝上會比較容易；無天花板隔間時，可能會發生天花板需要往下移動，讓浴室的換氣扇管線無法順利連接安裝的情況。

盥洗空間過於狹小，導致早上高峰期間出現令人困擾的「塞車」問題，可以考慮將洗衣機移至廚房，擴大盥洗台的面積。空間無法增加的情況，不妨在其他位置增設洗臉台。例如在玄關附近設置小型洗臉台，回家就能很方便的馬上洗手；或是在廁所近處設置洗手台兼化妝室，客人來訪時也能自在使用。只要稍微在衛浴空間下點功夫，就能改善目前生活上不滿意的地方。



**※天花板隔間**
天花板板材（＋角材）與上方樓板之間，形成夾層空間的構造。在水泥樓板下方作好骨架，再加上專用吊筋或角材，再將天花板材釘在骨架上，作出隱藏管線的夾層。有大面積平鋪的平頂天花板、加入間接照明的造型天花板，還有局部遮蔽管線的包梁等各種變化。

盡情展現特色的衛浴設計，使用了5種顏色的磁磚。（O宅設計／空間社　攝影／主婦之友社攝影課）

# 浴室

將舊浴室打造成煥然一新的舒適空間。
依喜好來選擇整體浴室、半系統衛浴、傳統工法即可。

**部分建築無法施作傳統工法，請務必事先確認。也有只是更換整體浴室空間就變得更加寬敞的例子。**

公寓浴室的施工方式從傳統風格的在來工法（※）到整體浴室，種類十分多元。依公寓管委會的規範不同，也有只能使用整體浴室的地方，請事先確認管理規約。

更新整體浴室時，也有可能改換成尺寸比原本寬裕的整體浴室。這是因為相較於早前，整體浴室已有更多尺寸可以選擇。以前夾在混凝土與整體浴室之間的無效空間，如今都能配合各種尺寸，完整活用。除了尺寸大小之外，寬度跨距等橫縱比例變化也很豐富，因此浴室變寬敞的可能性也隨之提高。只要增加10cm的寬度，體感就會變得很寬敞。可從原有的整體浴室檢查口確認，即可預測是否留有無效使用空間。

**※在來工法浴室（傳統工法）**
相對於工廠製造的規格化整體浴室產品，傳統的在來工法是在毛胚狀態下的浴室裡，現場進行防水處理、水泥粉光、磁磚等工程。是整體浴室流行以前的主要浴室施工方法。能夠配合空間規畫出各種尺寸及形狀的浴室，磁磚等建材的選擇也不受限，設計上的自由度相當高。當然，成本也較高。

將原本的整體浴室更換成量身訂作的版本。保留原本整體浴室的優點，貼上白色磁磚，打造時尚浴室空間。
（I宅　設計・照片提供／空間社）

## 也有半系統衛浴或訂作整體浴室的選擇。雖然成本較高，卻可能進行變更隔間。

既想活用整體浴室的優點，又對風格品質有所堅持的狀況，也可以打造出僅浴室下半使用整體浴室，上半貼磁磚、出入口使用玻璃的半系統衛浴。規格的選擇性雖然比較少，卻可以達到接近傳統工法浴室的設計。另外，雖然成本較高，但也可以訂作整體浴室。即使是整體浴室，也能滿足貼磁磚等客製設計，製作出與傳統工法相同的浴室。大部分的情況下，整體浴室都可以設置暖風乾燥機或蒸氣浴功能，但也可能因為天花板隔層空間過小而無法使用。

允許使用傳統在來工法裝修的浴室，對於特別講究浴室設計，或浴室地坪畸零而無法放入小型整體浴室的情況，都很適合裝修時藉由傳統工法來打造。無論如何都想擴增過於狹小的浴室空間時，雖然花費較高，但可以拆除隔間牆重新規畫格局，將浴室擴大至盥洗台。這種情況下，洗衣機則可以移到廚房或走道。

連同盥洗台一起訂作的客製整體浴室。包含玻璃窗在內的設計自由度，是訂製版整體浴室的特色。
（I宅　設計・照片提供／空間社）

# 廁所

除了家人日常生活必備，訪客來時也會使用的廁所。
一起來打造好整理又兼具設計感的空間吧！

## 位置難以大幅度移動。利用無水箱馬桶，讓空間感覺更為寬敞。

以公寓大樓來說，即使是進行大規模的毛胚屋裝修（※），想要大幅度移動廁所仍舊很困難。因為排水管、糞管都較其他管道粗，且不能離管線位置太遠。基本上還是只能在管線周圍移動，或轉向90度等。另外，馬桶製品與相連的排水口分為開在地面或開在牆壁的款式，後者無法改變方向，必須事先確認。

設計感十足且不占空間的無水箱馬桶很受歡迎，但上方少了附設的洗手裝置，必須另外設置洗手區。最近細長型的面盆種類很豐富，可規畫節省空間兼具時尚感的洗手台。或許認為洗手台工程簡單的不少，但同時需要追加給水與排水兩者的工程，費用會比預期還多。

更換成無水箱馬桶，增加盥洗台及收納空間。DIY油漆的跳色牆，成為空間裡的設計重點。（S宅　設計．照片提供／空間社）

**※毛胚屋裝修**
建築物內部或整體僅呈現初步架構與水泥磚牆隔間的狀態，可進行變更隔間等全面性的裝修。

## 透過室內裝潢材料的選擇或設計，兼顧打掃方便與裝飾性。

**廁**所的裝潢除了需要滿足容易清潔的特性外，由於訪客也會使用，因此也要重視空間的設計感。例如：牆面使用容易擦拭清理的塑膠壁紙，並且其中一面採用具有花紋的壁紙作為設計重點。或者運用磁磚、搭配毛巾架、衛生紙架等家飾配件來妝點空間也不錯。地板方面，受歡迎的材料有容易清潔的磁磚及密實底的PVC塑膠地板（※）。選擇磁磚時，考慮到方便清潔這點，建議採用大尺寸的磁磚，縫隙也要盡可能細窄。雖然可以選擇PVC毯（※），但考慮到變色的可能與耐久性，比較推薦PVC塑膠地板。



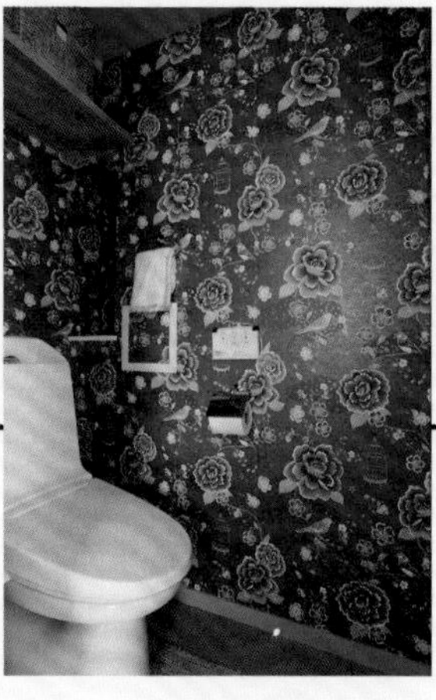

貼上華麗花朵壁紙的廁所。因為是停留時間短的小空間，可以盡情展現個性。（O宅　設計／空間社　攝影／主婦之友社攝影課）

**※PVC毯．PVC塑膠地板**

PVC毯是由PVC製成的片狀地板材，中間層使用PVC發泡底，具有厚度及彈性。不僅容易施工，價格也很合理。PVC塑膠地板也是PVC製的地板材，密實底的耐久性較發泡地板佳。兩者皆為PVC材質，所以都防水且容易清潔。仿真印刷的木紋及石紋也十分具有設計感。

# 寢室

多半使用條件不太好的居室作為寢室。
為了身體健康，花些心思改善採光及通風，打造舒適空間吧！

## 透過室內窗或內窗改善採光&通風，提高隔熱及隔音功能，打造安心的睡眠空間。

作為寢室的房間，採光等條件通常無法盡如人意，為了打造健康的日常生活空間，就來改造出良好的採光及通風條件吧！因為格局的關係導致房間無窗，可透過設置室內窗來改善採光及通風。

寢室窗戶面對著公共走廊時，會在意人潮往來或腳步聲的話，不妨加裝市售內窗，以雙層窗來提高隔音效果。一般內窗多為樹脂材質，如果不是很在意氣密性，使用質感良好的木框窗戶裝在窗扇內側也有不錯的效果。具有設計感的內窗，即使搭配只有床鋪的簡單房間，都能呈現別具一格的裝潢效果，令人不禁湧現喜愛之情。

擴增面積的玄關落塵區，以及使用玻璃隔間的寢室。朦朧穿透的光線，營造出沉靜氛圍。（H宅　設計／空間社　攝影／主婦之友社攝影課）

## 為了防止結露&發霉問題，需要一併考慮換氣功能及裝潢材質。也有無法從地毯更換成木地板的可能性。

睡覺時的呼吸也包含了濕氣，需要預先思考防止結露的對策，尤其是室內外溫差或濕度較大的季節。對抗結露，最好的方法是換氣，放置不管的結露，正是形成黴菌的原因之一。如前所述，可以透過設置室內窗，讓房間在白天時擁有較好的通風換氣。再來，牆面不使用塑膠壁紙，選用具有調濕作用的灰泥或珪藻土，亦有防止發霉的效果。特別是帶有強鹼特性的灰泥，黴菌不易生長。能直接塗抹於塑膠壁紙上的灰泥產品也增加了，在裝修時可以省下底材處理的費用，直接在既有的壁紙塗上灰泥即可。市面售有初學者也能簡單操作的商品，自行DIY的人不少（若是預定裝設壁掛式電視，需要在裝修時告知，補強牆面底材的承重能力）。

地板全面鋪設地毯的房屋，視情況可能得以改變地坪建材，但也有無法變更的時候。部分大樓管委會為了噪音問題，只允許使用地毯，也有必須取得上、下與左、右住戶同意才能改換的狀況。購屋後才能徵詢相鄰住戶的許可，若是對方不同意就無法使用想要的建材，這點必須要注意。以外國人為主要住戶的低樓層高級華廈，有不少這種規約的例子。

寢室牆壁局部改用玻璃磚，確保採光與透視空間的寬敞感。
（T宅　設計・照片提供／空間社）

# 兒童房

在面積有限的公寓裡，難得設計了兒童房，
要是不充分運用就太可惜了！具備多元彈性的設計方案絕對必要。

## 配合孩子的成長，預留變更的空間規畫。推薦事先設計備用的插座以及門框等隔間方案。

近年來，讓小孩擁有個人房間的時間點比以前來得晚，作為兒童房使用的時間縮短為10年左右。對於空間受限的公寓房間，侷限於兒童房來規畫有點可惜，因此，從學齡前幼兒到能夠獨立打理日常為止，以彈性使用的方向來規畫看看吧！

推薦方案是孩子還小時，預定空間可以作為客廳或其他用途來使用，格局則是設計時就先為將來劃分為兩室而準備。為了往後能夠輕鬆變更格局，房門、照明、開關、插座等配線都要事先規畫。將來要區隔成兩個空間時，即使最初沒有安裝房門，只要在預定的隔間牆上設置門框或出入口就ＯＫ。將來無需大範圍破壞牆壁、地板，就能裝設房門。將門框內的牆面作成黑板使用等，找出有趣的使用方法吧！

已規畫將來作為兒童房的玄關落塵區。
目前則是當作休閒的興趣空間來使用。
（S宅　設計．照片提供／空間社）

## 將讀書空間設在客廳也不錯。若要新增空調設備，請在裝修前進行討論。

近年來為了防止小孩長時間關在房間裡，於是形成基本上房間只是個睡覺的小空間，將讀書作業設在客廳及餐廳的設計風潮。客廳的工作區，首先要確認該場所的作用，同時間一起使用的人數等，再來決定空間大小及格局。配套環境也要一起考量：那裡要擺放什麼書？玩具要收納在周邊嗎？是否需要電腦相關設備的配線？對家人而言是什麼樣的交流空間等。

部分舊公寓並非所有房間都有設置空調。對於原本沒有安裝，如今需要新設空調的房間，首先要確認室外機放置場所，以及是否有足夠的空間。與室外機連接的管線洗洞位置是否可行，由於管線必定要從洗洞處拉至室內，請在裝修前先行討論。

原木地板與DIY粉刷的灰泥牆壁，簡單打造出舒服的兒童房。（S宅　設計．照片提供／空間社）

# 收納

總是不夠用的收納空間。正因為地方有限，
所以要靈活搭配隱藏式收納與展現個性的陳列式收納。

## 不要一味增加收納櫃，要適地適量的進行規畫。最近廣受歡迎的模式是家人共用的家庭衣物間。

對於大多數的家庭來說，「收納」都是一個重大課題。若是無法趁著重新裝修時解決收納的問題，即使開始新生活，也難以感受減輕壓力，或日常生活變得充實豐富，所以請務必好好規畫。藉著裝修的時機重新檢視家中所有物，掌握物品數量以及可以清理掉的量，讓新家的收納寬裕有餘。需要注意的是，一般腦的增加收納空間，只會讓物品數量在不知不覺間隨之增加。為了收納不太使用的物品，而壓縮客餐廳的空間有點可惜，請好好計畫，在適合的地方收納適合的量吧！

比起在各個房間擺放衣櫥，設置全家人一起使用的衣帽間（W・I・C）更加有人氣。規畫一個小房間，或是設計成直接與客廳、走廊連接的「走道式衣帽間」。除了衣物，也可以連同旅行箱、電風扇、電暖氣等季節物品一起收納，兼具儲藏室的功能。

打開衣帽間的拉門，不僅變成通往客廳的「走道式」衣帽間，通風也好。（T宅　設計・照片提供／空間社）

## 使用市售家具來整理衣帽間。並非只能使用量身訂製的木作家具，活用一般家具打造收納區吧！

衣帽間內的木作家具大多是吊衣桿及上方的收納層板，其實內部比想像中還要容易積灰塵，不妨多花點工夫在收納家具及配件。木作抽屜花費不低，換成搭配「IKEA」的收納家具也是一種方法。而吊衣桿要一層還是兩層？全身與半身衣物的吊掛長度該如何拿捏比例？需要收納的換季物品有多少？盡可能將必須放入衣帽間的家具尺寸及數量等，具體告知設計師，才能讓收納空間規畫成功。

另一方面，客廳之類的公領域，運用裝飾兼收納功能的方案，可以讓空間活潑生動之餘，進一步呈現住戶獨有的個性。打造出美麗的「展示型收納」，會讓裝修布置更有樂趣。將隱藏式收納規畫好之後，再來仔細尋找適合展示收納的物品，即使沒有自信能維持美麗整潔的外觀，也能創作出獨家風格的個性空間。

全都使用木作的固定式家具也不能說不好。但木作家具的價格通常比預想要高，風格太過統一也會顯得單調。建議挑選一些美麗的古董風格家具作為收納，增添不同風情。

餐廳一角的牆面收納櫃，下方設計了許多抽屜，上方的層板可以展示住戶的品味。（T宅　設計・照片提供／空間社）

# 休閒空間

能夠反映住戶特質的自由場域。
透過裝修，享受特地打造的多元價值空間吧！

**打造圖書室之類，能夠享受興趣的空間。也要考量將來，應對生活上的改變。**

工作區、圖書室、榻榻米區之類的自由空間，是最能展現住戶個性的場域。在規畫自家獨有的休閒空間時，一併考量到將來，作成可以變更成兒童房或寢室的彈性空間吧！

人氣格局是雖然沒有門，與客廳卻有適當的隔斷，具有獨立感的圖書室或書房。如果兒童房沒有足夠的讀書場所，在孩子準備考試時期，會是很重要且方便的空間。與客廳的隔斷方式，大多使用設有室內窗的牆，室內窗能引入光亮，感覺到家人的存在，時尚的設計亦能成為室內設計焦點。可以開關的橫拉窗及推開窗（※）還具有通風效果，使用固定窗（※）則可以節省成本。

位於客廳一角的無隔間架高和室，可以作為圖書室或工作室使用。（T宅　設計・照片提供／空間社）

**※固定窗**
無法開關的採光用窗戶，嵌入玻璃等素材，完全封閉的窗戶。

**※推開窗**
窗戶開關方式為向外側（或內側）推開的窗戶。

## 最近很受歡迎的榻榻米空間。無隔間的架高和室設計，方便靈活運用於現代生活。

近來增加不少無隔間架高和室（※）的榻榻米設計。利用榻榻米的方便性，雖然說不上是正式的和室，但是對於日常生活中還是想要擁有榻榻米空間的人卻已足夠。特別是有嬰幼兒小孩的家庭，作為遊戲區或午睡空間都很方便，大人也可以一起躺下休息或是摺疊曬好的衣物，是彈性極高的空間。榻榻米下方可以作成收納，無隔間的架高設計與坐在沙發或椅子上的人視線一致，方便對話。將來小孩需要個人房時，也有把房間讓給小孩，架高榻榻米改成夫婦寢室的例子。

相反地，也有將原本的和室，改為鋪設木地板的自由空間。只要能符合管理規約上的隔音性能，就有可能從榻榻米更換成加上隔音材的木地板。使用於公寓的榻榻米，除了一般傳統稻草榻榻米外，也有厚度約1・5cm的薄款。直接鋪上榻榻米之後，地板高度會變得高高低低，因此也有部分地坪刻意配合榻榻米厚度，降低地板高度的設計。若原本是這種設計要改鋪木地板，就必須加上合板墊高，調整至與其他地板相同高度，再鋪設木地板。由於可能需要花費數萬日圓，請事先移開榻榻米檢查，以便事先預算成本。

**※無隔間架高和室**
榻榻米高度比地板稍高，沒有隔間的和室空間。

無隔間和室下方設為收納，並且以電動裝置控制榻榻米的升降，可以放置大量物品。（O宅　設計／空間社　攝影／主婦之友社攝影課）

# 室內裝潢建材&設備展示間

將聯想到工廠、店鋪、
專業廚房等場所的元素，
加入居家空間。
粗獷的「男子漢」風格，
人氣卻是不分男女的廣受歡迎。

for
# Industrial Style
工業風

## 清水模牆
與天花板一樣，不加任何表面壁材，直接裸露混凝土牆壁。依照屋況不同，也有必須粉刷塗料的情況。

## 管線外露天花板
不作天花板隔間，直接讓建築物樓板外露的手法。依結構不同，上方樓層的聲音有可能會直接傳下來。

## 水泥粉光地板
與混凝土同樣以水泥為原料，但砂漿更為光滑。市面也有許多質感更好的水泥塗料建材。再使用帶有紋路的油漆，呈現粗獷感。

## 金屬開關面板
推薦使用鋁或鐵等金屬材質的蓋板。若配線沒有走牆內埋管，也可以使用開關盒。

## 鐵框室內窗
呈現鐵製品冷硬質感的室內窗。使用玻璃作為隔斷，簡約氛圍更上一層樓。

## 不鏽鋼廚具
由分別獨立的水槽、爐台、流理台等組合而成，能客製化的不鏽鋼專業風廚房。

攝影／山口幸一、和辻和明（札幌カブラギスタジオ）、主婦之友社攝影課

# Part 4

# 打造居家舒適空間的技巧集

時尚的房間、功能性的房間、享受樂趣的房間。
人們對於居住環境有著各式各樣不同的要求，
但共同的期望都是擁有「舒適空間」，
在此匯集了能夠透過裝修打造的舒適空間技巧。

# 提升居住環境的舒心度
## 舒適空間技巧

使用觸感良好，對身體無負擔的建材。極佳的採光及通風，打造出開放感十足的空間。正因為是混凝土建造的公寓大樓，在裝潢及設計上更需要追求「良好的舒適感」。一旦入住之後就難以進行工程，因此就算只是工法簡單的小技巧，也要把握難得的裝修機會完成夢想。

1

「はじめてのRe;Form」No.5　H宅　設計／スタイル工房　攝影／佐佐木幹夫

2

「はじめてのRe;Form」No.5　T宅
設計／a.design　攝影／松井ヒロシ

1

### 地板及牆壁採用天然素材

1.沙發後方的壁面使用質感良好的珪藻土。能吸附異味的珪藻土，是為了將來養狗而作的準備。讓空間中視覺經常停留之處，增添了自然感。
2.使用松木原木地板。原木觸感細滑，超耐磨地板與之相比還是有所差異。

「はじめてのRe;Form」
No.1　U宅
設計／KURASU
攝影／坂本道浩

2

## 提升天花板高度 打造寬敞開闊的空間

拆除木作天花板，直接顯露混凝土樓板。表面粉刷白色油漆，刻意呈現粗糙手感。使用白色導軌＋聚光燈，讓照明設備融入其中，天花板感覺更高挑。

「プラスワンリビング」No.72　K宅
設計／KURASU
攝影／主婦之友社攝影課

3

## 以斜角木作天花板 提升屋內氣氛

藉由傾斜角度的天花板，打造宛如透天閣樓氛圍的公寓一室。以裝飾梁突顯設計感，並且透過高低差來區分空間性質。

4

## 開放式隔間牆以通透的上方空隙消除壓迫感

裝修時在餐廳一角設計了深紫色的隔間牆，作為梳化妝以及收納空間。隔間牆上方特地留出空隙，呈現適度的開放感及空間連結感。

「はじめてのRe;Form」No.3　K宅
設計／アートアンドクラフト
攝影／松井ヒロシ

5

## 使用玻璃磚自然地引入光線

位於客廳後方的盥洗台空間，隔間牆上方嵌入了玻璃磚。直接從客廳引進柔和的光線，提高盥洗台的舒適感。（此為獨棟住宅的施工案例）

「はじめてのRe;Form」No.1　F宅
設計／エム・アンド・オー
攝影／主婦之友社攝影課

6

## 以玻璃隔斷的通透視線營造寬敞感

將集合住宅中的一間老屋，整間打掉作毛胚屋整修。玄關與客餐廳的隔斷採用玻璃屏風樣式。因為加裝了垂簾，根據需求也可以保有隱密性。

「プラスワンリビング」No.65　T宅
設計／カサボン住環境設計
攝影／主婦之友社攝影課

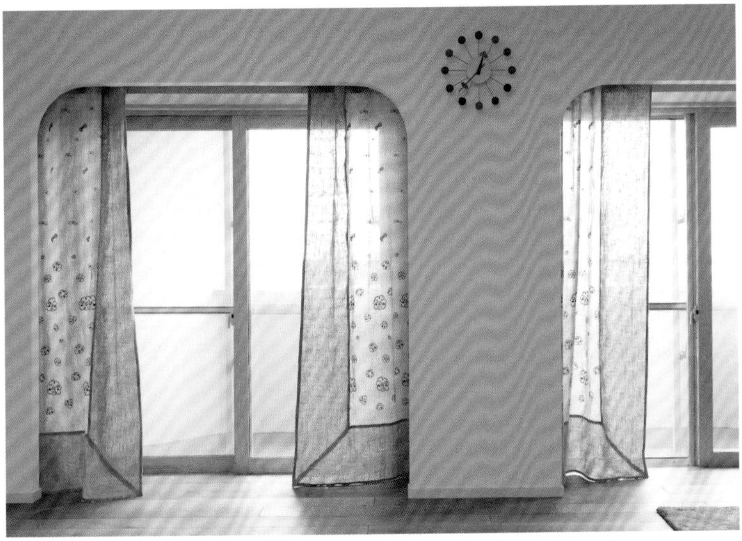

# 7

## 將不滿意的元素偽裝成內牆藏起

開口處空間不高，又有大梁，再加上與窗簾花色不搭的窗框，將所有不合心意的元素製作成設計感十足的內牆，打造煥然一新的時尚空間。連同空調插座與瓦斯開關都一併隱藏，清爽又俐落。

# 8

## 嵌入式小夜燈深夜如廁也安心

趁著裝修時，在走道設置了照亮腳步的小夜燈。使用省能源的LED燈，與牆壁合為一體的內嵌式設計也十分簡單大方。

「プラスワンリビング」No.69　S宅
設計／リノべる。　攝影／松井ヒロシ

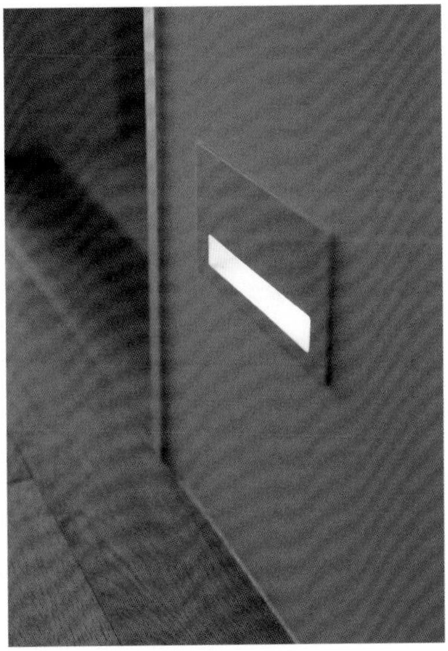

# 9

## 以旋轉玻璃花窗作為通風措施

在走廊與盥洗台的隔間牆，裝上古董風的鑲嵌玻璃花窗。並採用不封死的旋轉窗設計，兼具換氣功能。

「プラスワンリビング」No.72　K宅
設計／KURASU
攝影／主婦之友社攝影課

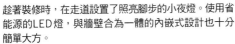

「はじめてのRe;Form」No.2　S宅
設計／アイエスワン　攝影／主婦之友社攝影課

「はじめてのRe;Form」No.4　F宅
製作／リビタ　攝影／佐佐木幹夫

## 讓家中各處明亮又清新的室內窗

10

1.原本面向客廳的和室改成獨立房間，為了改善屋內通風及採光，在壁面的頂天部分設置室內窗。
2.三扇並排的時尚木框室內窗。藉由中央可開闔的窗戶，自然地引風進入。
3.在深處房間與客廳中間的隔間牆，裝設黑框室內窗。可以透過室內窗欣賞街道風景，大幅提升了空間的開放感。
4.為了將光線引進沒有窗戶的區域，在餐廳之間的隔間牆設置了鐵框玻璃窗。打造出理想中的咖啡廳風格。

「はじめてのRe;Form」No.2　K宅　設計／ウィル空間デザイン　攝影／松井ヒロシ

「はじめてのRe;Form」No.3　O宅　設計／DEN PLUS EGG　攝影／主婦之友社攝影課

# 打造功能性的收納空間
## 舒適空間技巧

收納物品是否便利順手，會直接影響居住的舒適度。規畫住家平面圖的時候，最好告知設計師預計搬入的物品量，並且直接提出過去生活上「無法馬上找到需要的物品」、「容易不小心儲藏不需要的物品」等感覺不便或難以處理的問題。也務必參考接下來介紹的無壓力收納技巧。

「はじめてのRe;Form」No.3　I宅
設計／ブリックス。一級建築士事務所
攝影／主婦之友社攝影課

### 11

### 事先規畫現有家具的預定放置處

將珍愛的桐木櫃置於玄關通往客餐廳的走道上。裝修時就先規畫好，沒有深度不合的平整感，讓空間清爽俐落。

### 12

### 運用走道寬度製作大型收納空間

因為玄關＆走道的寬度十分充裕，於是規畫了深度45cm，從地板至天花板的大容量壁櫥。直接使用市售的櫃子來減少花費。

「はじめてのRe;Form」No.2　T宅
設計／KURASU
攝影／主婦之友社攝影課

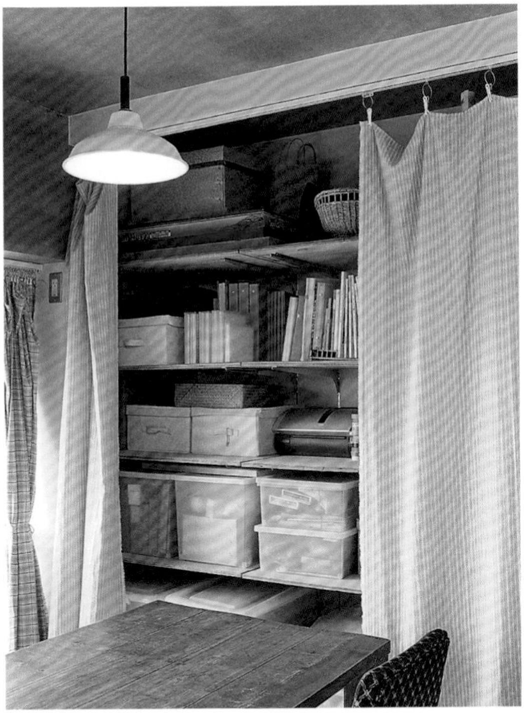

「はじめてのRe;Form」No.2　N宅　設計／リノキューブ　攝影／山口幸一

13

## 簡單製作 打造順手收納的彈性空間

設置於餐廳的收納空間，只利用構造簡單的壁掛式活動層板架組成。活用市售的收納盒整理家中零散物品。代替門片的拉簾可以整片打開，亦是一大優點。

「はじめてのRe;Form」No.1　U宅
設計／アトリエグローカルー一級建築士事務所　攝影／主婦之友社攝影課

14

## 運用壁櫥深度 製作入牆式衣櫥

改裝和室時，將日式壁櫥改成使用方便的衣櫥。設置了前後兩排吊衣桿，還因為連同原本頂櫃的空間一起利用，足夠的高度也能放入原本的五斗櫃。

15

## 使用大型拉門 取放物品更便利

約360cm寬的衣櫥。一般是裝設4扇門片，但此間刻意改成2扇門片。只要一個動作就能開啟寬敞開口，取出或收納大型物品時也很輕鬆。

「はじめてのRe;Form」No.1　M宅
設計／FILE　攝影／主婦之友社攝影課

「はじめてのRe;Form」No.1　U宅
設計／KURASU
攝影／坂本道浩

# 16

## 配合收納物品 設置櫃內分隔板

除了衣服及抽屜，曬衣架及熨斗台也能輕鬆收納。特地配合物品來設置櫃內隔板，採用3扇門片的設計，使用時只需要打開必要部分即可。

「はじめてのRe;Form」No.3
K宅
設計／nuリノベーション
攝影／主婦之友社攝影課

# 18

## 活用窗邊台階 作為收納空間

配合改建成露台風的陽台，在室內高度落差處製作了附收納空間的台階。剛好可以作為大量收藏CD的收納場所。

「はじめてのRe;Form」No.2
N宅
設計／リノキューブ
攝影／山口幸一

# 17

## 安裝活動層架 有效運用牆面

可拆卸的層板及後方牆壁，內側安裝了熱水器。除了熱水器的例行安檢之外，都能享受時尚的「陳列式收納」。

「プラスワンリビング」No.77 T宅
設計／エイトデザイン
攝影／山口幸一

## 開放式層架不僅能收納還能作為居家裝飾

走道旁的一整片牆面作為開放式層架。除了可以收納藏書，還能展示中意的雜誌及繪本封面，宛如時尚咖啡廳的擺設。

19

「はじめてのRe;Form」No.3 I宅
設計／ブリックス。一級建築士事務所
攝影／主婦之友社攝影課

20

## 有效利用窗戶之間的畸零空間

利用窗與窗之間的狹窄牆面作成書櫃。融入周圍的顏色及設計，與室內氛圍合而為一。實際上還兼具了隱藏空調管線的功能。

# 21

## 容易雜亂的工作區
## 直接連同桌子一起收納！

在家人聚集的餐廳一角設置工作區。裝上摺疊門直接隱藏整個空間，不使用的時侯整齊俐落。客人臨時到訪也不慌張。

「はじめてのRe;Form」No.3　I 宅
設計／ブリックス。一級建築士事務所
攝影／主婦之友社攝影課

「はじめてのRe;Form」No.1　U宅
設計／アトリエグローカル
一級建築士事務所
攝影／主婦之友社攝影課

# 22

## 使用透氣的
## 洞洞板
## 作為收納門片

容易累積濕氣的收納櫃，就在門片上花點工夫解決問題。使用鑽有小洞的洞洞板（下圖），關閉櫃門時空氣也能流通。價格便宜也是魅力之一。

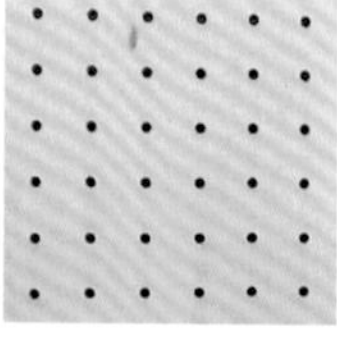

「はじめてのRe;Form」No.5
H宅
設計／スタイル工房
攝影／佐佐木幹夫

# 23

## 利用難以看見的角落
## 打造收納空間
## 呈現乾淨清爽感

在客餐廳的視線死角處，打造木作家具的收納空間。除了固定放置的垃圾桶及家電設備，上方還有附門收納櫃，讓廚房更加整潔。

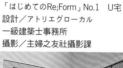

# 24

## 不安裝吊櫃 而是採用層板架 打造開放空間

拆除水槽上方帶有壓迫感的吊櫃，設置如同咖啡廳的開放式收納架。出餐口因為拆去吊櫃變得更寬，也提升了明亮度。

「はじめてのRe;Form」No.5
H宅
設計／スタイル工房
攝影／佐佐木幹夫

「はじめてのRe;Form」No.4　F宅
製作／リビタ　攝影／佐佐木幹夫

# 25

## 以什麼都能放的 餐廚儲藏室 減輕收納壓力

透過裝修實現開放式廚房夢想的同時，還設計了大容量的餐廚儲藏室。所有不想被看到的物品都能收納在內，是主婦的重量級幫手。冰箱也放置在裡面。

# 運用巧思創造享樂居家生活
## 舒適空間技巧

追求生活的便利性是裝修設計的醍醐味，除此之外還能達到凝聚家人，時常開心和睦過日子的情境。要讓心情更加放鬆的關鍵，在於打造出帶有童心氛圍的設計方案&空間。在此將列舉不僅屋主稱讚，連訪客也備受好評的裝修技巧。

## 26

### 成為家人或朋友之間交流場所的落塵區

將玄關旁原本的房間規畫為落塵區，打造車庫風。可以停放兩台並排的自行車，空間十分寬敞。右手邊的舊辦公櫃當作鞋櫃來使用。

「プラスワンリビング」No.77
T宅
設計／エイトデザイン
攝影／山口幸一

「はじめてのRe;Form」No.5　Y宅
設計／アネストワン　攝影／山口幸一

## 27

### 玄關的展示空間以擺飾營造出歡迎光臨的氛圍

照片左側的位置，原本是木作的收納櫃。裝修時不考慮延用收納，而是拆除並設計成能夠隨心所欲陳列布置的展示空間。

「プラスワンリビング」No.81
T宅
設計／CODE STYLE
攝影／藤原武史

# 28

## 門窗花點心思 增添亮眼的有趣元素

1.使用黑板漆刷塗的兒童房衣櫥門。變身成小孩超喜歡的遊戲場所。
2.分別將門片刷成紅色（客餐廳）、綠色（衣帽間）、白色（廁所）、藍色（寢室）、黃色（盥洗台）。生動的普普風色彩，為每天帶來滿滿元氣。

「はじめてのRe;Form」No.4　O宅
設計／空間社
攝影／主婦之友社攝影課

# 29

## 宛如祕密基地的 高架床 充滿樂趣的兒童房

1.利用部分收納空間製作出女兒的高架床。大人也能睡得香甜的大尺寸，因此下方設置的收納容量也很充足。
2.姐弟兩人共用的兒童房。下方組合了書桌及收納空間，打造出功能性佳的高架床組。

「プラスワンリビング」No.69　U宅
設計／LOHAS studio
攝影／主婦之友社攝影課

「はじめてのRe;Form」No.3　K宅
設計／nuリノベーション
攝影／主婦之友社攝影課

「はじめてのRe;Form」No.2　T宅　設計／アートアンドクラフト　攝影／主婦之友社攝影課

# 30

## 裝設能關注兒童房狀況的室內窗

在客廳與兒童房之間的牆上裝設細長的室內窗。不但能看到小孩狀況，也扮演了溝通的橋樑。

# 31

## 利用泥作牆將客廳變身成電影院吧！

客廳的白色牆壁，是裝修時夫妻兩人一起完成的珪藻土牆。假日則變身為投影機的大銀幕！如同置身於電影院般，享受喜歡的影片吧！

「プラスワンリビング」No.68　Y宅　攝影／坂本道浩

# 32

## 製作讓人開心記事&留言的牆壁

「プラスワンリビング」No.75　M宅
設計／エ・ディーアンドシー
攝影／主婦之友社攝影課

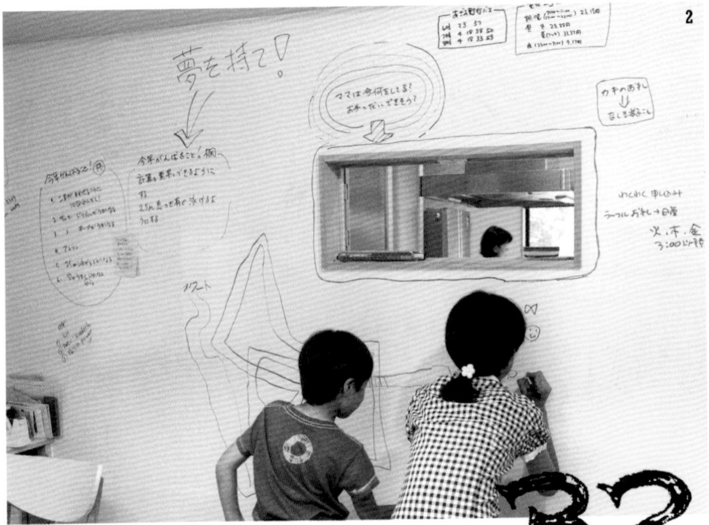


「はじめてのRe;Form」No.1　H宅
設計／優建築工房
攝影／アクネノブヤ

1. 廚房與餐廳之間的牆壁刷塗黑板漆。
2. 刷塗白板漆的牆壁。無論備忘記事或小孩的學習都能充分活用(此為獨棟住宅的施工案例)。

# 33

## 夫婦可以一起享受「料理」與「品嘗」的餐廚設計

希望「夜間時能夠一邊輕鬆小酌，一邊製作料理享用」的夫妻。用餐後無須移動到客廳，也能在餐桌上悠閒地休息。

「はじめてのRe;Form」No.4　F宅　製作／リビタ　攝影／佐佐木幹夫

「はじめてのRe;Form」No.4　H宅　廚房設計／ekrea　攝影／佐佐木幹夫

## 34

## 藉由藏起餐廚用具的拉門減少生活感

經常舉行派對也樂在其中的屋主認為：「迎接訪客時的第一印象很重要」，因此在流理台後方的餐廚櫃裝設一整面的拉門，隱藏物品減少空間中的生活感。

## 35

## 使用薄型榻榻米完成彈性運用的榻榻米區！

位於客餐廳一角的榻榻米區。使用方便收放的薄型榻榻米，無論何時要改用沙發都可以。亦可配合孩子的成長，活用為睡午覺或念書的空間。

「はじめてのRe;Form」No.4　F宅　製作／リビタ　攝影／佐佐木幹夫

## 有效利用走道打造工作區

利用連接客餐廳與寢室的走道，打造出先生的工作室。一旁並排著家人共用的書櫃。可以一邊感受家人的陪伴，一邊安穩工作。

「はじめての Re;Form」No.4 K宅
設計／ゆくい堂
攝影／千葉 充

36

37

「はじめてのRe;Form」No.3　K宅
設計／nuリノベーション
攝影／主婦之友社攝影課

## 架高和室風的放鬆空間

餐桌後方，是一小片架高同椅子高度的平台。因為是經常舉辦聚會的屋子，因此作為家庭派對的會場而充分使用。

38

「はじめてのRe;Form」No.2　M宅　設計／アネストワン　攝影／山口幸一

## 在客餐廳一角設置工作區打造家人自然聚集在一起的房間

客餐廳一角設置了家人共同使用的工作區。桌下設計了放置印表機的空間，機能性十足。

# 融入讓家事變輕鬆的設計

## 舒適空間技巧

裝修時別忘了一併考量如何減輕家事負擔，以及符合家事動線的格局。如今雙薪家庭正不斷增加，「家中事務」也是屬於夫妻共有，以此觀點設計出方便料理、洗衣、打掃的空間，最是理想。生活動線順暢的居家空間，舒適度當然很好。透過讓家事變輕鬆的設計技巧，打造無論何時都能感到舒適的居家空間吧！

2

「はじめてのRe;Form」No.4　K宅
設計／ゆくい堂
攝影／千葉 充

1

「はじめてのRe;Form」No.3　K宅
設計／スタイル工房
攝影／多田昌弘

## 39

### 在客餐廳一角安裝室內用的晾衣桿

1.若安裝了室內用的專用晾衣桿，下雨天或花粉盛行的季節就能派上用場。選用黑色桿搭配屋內裝潢風格（此為獨棟住宅的施工案例）。
2.為了打造屋主喜愛的工業風，呈現管線外露模樣，還兼具室內晾衣桿的功能。

## 40

### 放在洗衣機旁的小物收納便利空間

在洗衣機上方安裝吊櫃，作為收納洗衣精及衣架的專用空間。將必要物品全部統整，一起放在使用場所，就能毫無罣礙的作業。設計重點在於選擇清爽的白色。

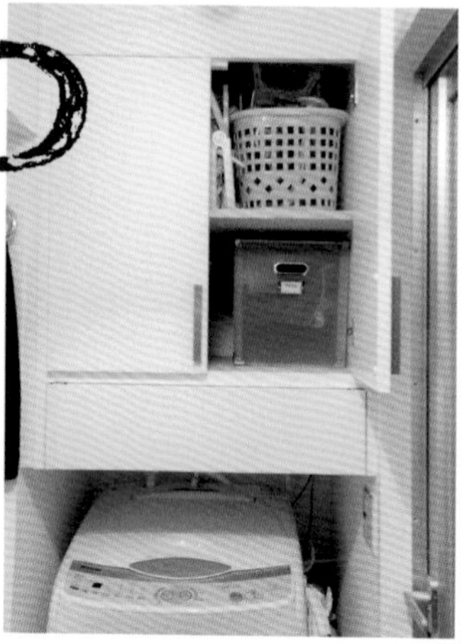

「はじめてのRe;Form」No.3　I 宅
設計／ブリックス。一級建築士事務所
攝影／主婦之友社攝影課

# 41

## 縮短廚房長度 讓進出 客餐廳的動線 更加順暢

原格局的廚房流理台較長，導致各方前往客餐廳時都不方便。裝修時縮短了流理台的長度，確保流暢的動線。縮短後減少的檯面＆收納空間，則是透過增加流理的寬度來解決。

「はじめてのRe;Form」No.5　I宅
設計／ブルースタジオ　攝影／佐佐木幹夫

「はじめてのRe;Form」No.5
U宅
設計／ウィル空間デザイン
攝影／松井ヒロシ

# 42

## 連接廚房及衛浴空間 連洗衣動線也完美

裝修時大幅調動了廚房的位置。配合廚房的格局，重新規畫了連接後方盥洗台＆浴室的動線。兩者中間安排了放置洗衣機的場所，讓洗衣動線也一併完善順暢。

43

## 水槽下方
## 採開放式收納
## 收取物品更輕鬆

1.簡潔的不鏽鋼廚具是裝修公司的原創設計。瓦斯爐及水槽下方採開放式空間，取出及收納烹飪器具都更加順手。2.不安裝門片的開放式設計，除了方便收取物品，也能放置垃圾桶，不易潮濕也是優點之一。建議使用於客餐廳看不見的對面式廚房。

「はじめてのRe;Form」No.1
U宅
設計／ピーズ・サプライ
攝影／主婦之友社攝影課

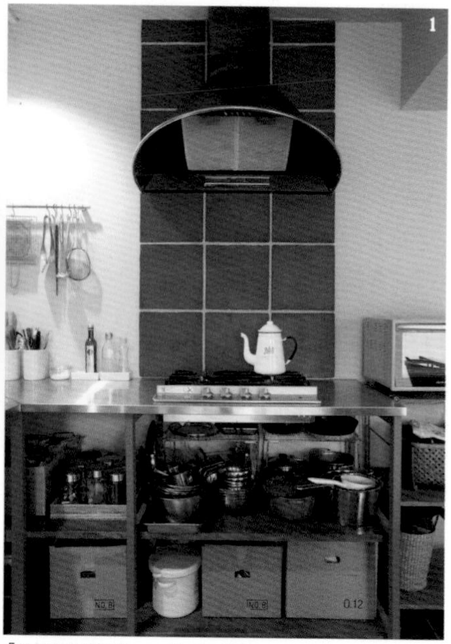


「はじめてのRe;Form」No.4　M宅
設計／リノキューブ　攝影／山口幸一

45

## 安裝大容量的洗碗機
## 有效利用餐後時光

選用瑞典「ASKO」的洗碗機。成長期的孩子食欲旺盛，感覺每天都能充分利用。因為是外國品牌的大容量洗碗機，連烹調鍋具也能一起洗，用餐後，全家人可以一起開心地享受團聚時光。

「はじめてのRe;Form」No.4　F宅
設計／FILE　攝影／ 佐佐木幹夫

44

「はじめてのRe;Form」No.2　T宅
設計／KURASU
攝影／主婦之友社攝影課

## 又寬又深的備餐台
## 讓作業變得更加簡單

設置於廚房，接近正方形的備餐台。買菜回來時，方便分類處理食材；也能將烹調備料、使用工具事先擺放在此；在各種場合都是不可或缺的重要角色。

47

## 在必經之處
## 設置專用的洗手台

為了讓活潑好動的小孩能在回家後馬上洗手，因此在盥洗台之外，於玄關入口處另行設置了一個洗手台。拉簾後方則是收納空間。

「プラスワンリビング」No.83　M宅
設計／スタイル工房
攝影／主婦之友社攝影課

## 透過量身訂作
## 打造輕鬆好整理的水槽

海綿及洗潔劑都有專屬放置空間的獨家設計不鏽鋼水槽。一體成型沒有接縫，因此很好整理，常保清潔。

46

「はじめてのRe;Form」No.4　F宅
設計／FILE　攝影／佐佐木幹夫

48

「プラスワンリビング」No.80
U宅
設計／スタイル工房
攝影／主婦之友社攝影課

49

## 設置兩個小水槽
## 避免早晨
## 使用高峰的混亂

在盥洗室設置了兩個多功能的實用性水槽。不僅解決了早晨時段的忙亂，足以放置水桶的深度，無論打掃、洗衣都十分便利。簡單的設計亦是魅力所在（此為獨棟住宅的施工案例）。

「はじめてのRe;Form」No.1　S宅
設計／ピーズ・サプライ
攝影／主婦之友社攝影課

## 選擇實驗用水槽
## 打造多功能的
## 盥洗台

實驗室水槽的特徵是底部平坦高度淺。對於遛狗後要幫狗狗洗腳的屋主一家，再適合不過。其他像是清洗運動鞋、衣物污漬的洗衣前置處理等也很方便（此為獨棟住宅的施工案例）。

「はじめてのRe;Form」No.1　U宅
設計／アトリエグローカル一級建築士事務所
攝影／主婦之友社攝影課

50

「はじめてのRe;Form」No.5
T宅
設計／a.design
攝影／松井ヒロシ

「はじめてのRe;Form」No.4　M宅
設計／リノキューブ　攝影／山口幸一

## 選用容易清潔的地板材質 減輕每日打掃的負擔

1.限於公寓大樓的管理規約而無法使用木地板，因而選用方塊狀的地毯。只需要拆卸髒污的部分清洗即可，十分方便。也適合擁有小孩子與寵物的家庭。
2.相較於使用木地板的客餐廳，容易弄髒的廚房地坪則鋪設了磁磚。窗邊使用水泥地板，便於擺放盆栽及進出陽台的專用鞋。
3.廁所地板使用了容易保養的地板貼。配合裝潢風格，選擇了懷舊的陶磚樣式。

# 51

## 取出收起都輕鬆 還能管理所有物數量的開放式收納

1.玄關收納使用簡單的開放式層架。方便穿搭選擇，通風良好也不易潮濕。
2.廚房後面裝設了開放式層架及磁鐵吸架。料理器具、食材及餐具皆採「陳列式收納法」，想要的東西馬上就能拿取的無壓力收納。

「はじめてのRe;Form」No.4　K宅　設計／ゆくい堂　攝影／千葉 充

# 52

## 採用集中收納 整理好輕鬆 「大型物品」也不煩惱

1.不僅一家人的衣服都集中在此，右側的壁櫥風層架還收納了訪客用的寢具。
2.在玄關通往客餐廳的走道途中設置了衣帽間。因為是家人走動必經之處，整理回家後的外套等衣物也很方便。用來收納換季物品更是一大助力。

「はじめてのRe;Form」No.5　Y宅
設計／アネストワン　攝影／山口幸一

「はじめてのRe;Form」No.4　F宅
製作／リビタ
攝影／佐佐木幹夫

# 室內裝潢建材&設備展示間

適時運用
洋溢「和風」氣息的家飾建材。
打造出身處「奶奶家」的
懷舊及溫暖場景，
反而營造出新鮮氛圍。

## *for* Retro Style

懷舊和風

### 古董開關

若是講究細節，整體氛圍就會大幅提升。由於使用老件必須注意漏電等問題，請務必與設計師詳談。

### 中古燈具

乳白色玻璃是和風燈具的特徵。尺寸大多偏小，不妨合併數個使用，也更有時尚感。

### 中古和式木門

嵌入玻璃的門扇不僅帶著通透感，也顯得輕快自然。細窄的窗框呈現出纖細做工，是舊式門扇特有的味道。

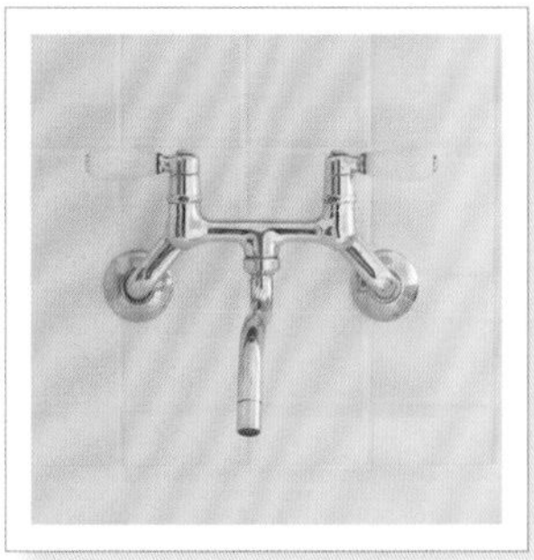

### 雙把手長栓水龍頭

琺瑯材質的把手帶著濃濃的懷舊感。圖中品項是「KAKUDAI」的雙把手混合栓水龍頭。

### 洗手台

刻意選用古早以前會在廁所看見的復古樣式。栓型水龍頭開關也是老時代的造型。

### 圓形馬賽克磁磚

使用圓形的馬賽克磁磚，能夠瞬間營造出復古風格。亦推薦使用灰色或多色組成的馬賽克磁磚。

攝影／坂本道浩、松井ヒロシ、和辻和明（札幌カブラギスタジオ）、主婦之友社攝影課

Part

# 5

# 值得信賴的裝修公司選擇方式

設計・施工的承攬廠商，是影響裝修是否成功的關鍵。
最近以翻修老屋為主業的裝修廠商陸續增加，
部分也提供中古物件的購買，及房貸相關的諮詢。
在此整理了挑選委託廠商的注意重點給大家參考。

採訪協力／「さくら事務所」山見陽一先生（P.116～117）、「リノベる」（P.120～123）

找到最佳夥伴吧！

# 不失敗的裝修公司選擇重點

**裝修成功的關鍵，在於選擇委託的廠商。該如何找到合乎心意的夥伴，請見下列幾項重點。**

POINT 1

## 找出主要裝修訴求 選擇專擅於此的公司

能夠承接裝修工程的廠商各式各樣，分別擁有各自擅長的領域。為了在預算內達成理想方案，首先要清楚了解自己重視的訴求為何，之後再來選擇擅長這個領域的承包廠商。

在意提案能力或設計取向，可選擇由建築師主導的設計事務所，或是經常承攬變更隔間工程的裝修公司。特別是希望從零開始規畫的毛胚屋裝修，更需要找到具有提案能力的公司。希望能在降低成本的同時提供細節上的協助，可以尋找當地的土木工程施工團隊。若是以更新設備機器為主，選擇販售設備兼營裝修工程的公司會比較適合。像這樣選擇符合需求的配合廠商，正是接近成功的捷徑。跟家人一起討論，列出裝修的首要需求吧！

POINT 2

## 不要只看報價金額 來決定承攬廠商

選擇承攬廠商時，大多數會同時洽詢幾家公司，取得報價單來進行比價。此時較不妥當的作法，是只看總計金額就決定報價最便宜的公司。報價方式會依廠商而有所差異，有詳細寫明工程用料等細項的公司，以及只大概寫出「○○工程一式」的公司，有些甚至連設備機器的廠商品牌及型號都沒有寫明。這些差異也可以視為衡量廠商信賴度的指標。就算報價很便宜，還是盡量避免「不精打細算」的廠商。收到報價單後，要仔細確認內容，針對不了解之處一一詢問，並且確定對方是否有詳盡的回答。

POINT 3

## 清楚傳達條件與期望 讓比價變得更容易

能夠更加簡單有效比較不同廠商的祕訣是「不要毫不表態的完全委託對方進行提案」。光提供建物的平面圖及預算，然後籠統的詢問「以這樣的條件能作出什麼樣的裝修呢？」這種詢價方式並非上策。理由是因為，以客製化為基礎完成的裝修方案及報價單，會隨著隔間變更的規模、裝潢建材及設備等級，出現天南地北的規格，要放在一起比較就很困難。由於工程項目完全不同，所以也無法比較報價金額。

重點在於，要能清楚傳達期望及條件，在相同的前提之下請對方提出裝修方案。透過觀察對方如何回應需求，也可以了解業者的提案能力。

POINT 4

## 積極參加賞屋活動

想必有許多人會透過網路及雜誌來搜尋承攬廠商。不僅能看見許多實際案例照片及平面圖，亦能透過網路查詢該公司評價，是收集情報的重要工具。

除此之外，也建議各位積極參加裝修公司舉辦的賞屋說明會。照片及圖面無法傳達的空間氛圍、素材質感、動線等，都能藉由實際走訪裝修完成的樣品屋，真實感受廠商的設計能力及風格。在說明會現場，大多能夠直接與業務或設計人員聊聊，可以深入了解無法由官網或網路評價體會的公司氣氛，以及雙方理念上的適性（參見P.１２０賞屋說明會報告）。

POINT 5

## 預先調查廠商提供的後續保固等服務

入住後如果發生狀況，對方如何協助處理也是選擇承攬廠商的重點。一般來說，會在三個月或一年時進行例行檢查，也有廠商沒有訂立定期檢查的時間，但只要回報問題，隨時都可以獲得幫助。簽約之前就要事先確認，萬一有狀況發生時，會採取什麼樣的方式應對。

日本依裝修廠商不同，有些公司會自行投保「裝修瑕疵保險」。廠商透過投保專業的住宅保險，若施工時發現原建築物件有缺陷，即可由保險公司理賠，支付修補費用。選擇提供此類保險的廠商，萬一發生意料之外的情況，就能確實得到保障。施工中或工程結束後，保險公司派遣的檢查人員（建築師）也會到現場檢查，有效提升工程品質。

配合喜好或實際工程內容來考量

# 公寓裝修的主要承攬廠商

**能夠承攬裝修工程的廠商很多，**
**在此主要介紹6種類別。**
**判斷的重點除了擅長的領域及設計外，**
**信賴感及委託難易度也很重要。**

**會設身處地為客戶設想**
**值得信賴的裝修夥伴**

## 設計事務所

對於想要擁有原創性方案，或期望居住空間具有設計感的人氣選擇。比起局部整修，包含變更隔間的裝修更能發揮優勢。

一般來說，設計費用約為工程費用的10～15%，優點在於提供的服務從協助確認承攬工程的施工公司報價是否合理、現場監工，到確認工程是否依照圖面進行（施工管理）。建議可以從購屋選擇階段就開始進行諮詢。

**全面性的協助支援能力**
**與豐富經驗是最大魅力**

## 老屋翻修公司

主要業務為中古屋的整修及翻新，特徵是擁有豐富的實績。提供一站式裝修服務，其中附設不動產部門的公司也不少，可以連同尋找房屋物件開始委託。

有些公司內部設有專屬的財務規畫專員，可以提供房屋貸款的建議，協助規畫整體的資金運用。適合想要在裝修各個階段都獲得綜合性支援的人。

協助屋主找到最適合的裝修夥伴
是可靠的有力存在

## 裝修顧問公司

依屬性不同有著各式各樣的營業型態，裝修顧問公司主要是提供客戶與建築師（設計師事務所）、土木工程承攬公司、裝修公司等的媒合服務。告知裝修條件及需求後，顧問公司會協助尋找最適合的工程委託公司。適合「不知道哪間廠商適合自己」、「收到不同廠商提供的設計方案，想要比較商討後再決定」之類的情況。顧問費的收費標準依公司不同而有所差異，請務必在委託前仔細確認。

大公司才有的安心感及提案能力
高品質建材是受歡迎的祕密

## 大型裝修公司

由日本國內大型建築公司或房屋仲介公司衍生的關係企業，特徵是擁有豐富的獨家建材，以及系統化的改裝方案。建築公司旗下的裝修公司進行翻修工程時，同樣能夠使用透天新成屋的高級設備&建材。

不太需要擔心公司倒閉，將來在細節上也能給予協助，重視這種安心感的人很多。擁有建築師資格的裝修規畫師不但提供諮詢服務，也能委託調查建築物的詳細狀況。

推薦希望連同家具在內
進行整體空間規畫的人

## 家飾・家具店

自行生產並販售家具、家飾用品為主的店鋪中，也有部分提供裝修服務。無論是廚房、盥洗台、原創門窗等，經年製作家具磨練出來的高超技術，在許多方面展現出來，對於厭倦無機質機器大量生產商品的客群中，十分有人氣。由於與裝修同屬一家店，可以連同桌子等家具一起配套選擇齊全，輕鬆享受搭配整體軟裝的樂趣。

為了了解該店風格理念，最好能實際走訪店家。追求裝修後室內裝潢盡善盡美的人，可以考慮看看。

施工內容彈性
適合預算有限的裝修

## 土木包工・廚衛設備商家

土木包工（土木工程承攬公司）多半是重視在地評價的團隊。因此施工能力有一定的水準，入住後有什麼狀況也能迅速處理。在施工方案或成本面較有彈性調整的空間，對於格局規畫已有確切想法只待實現、希望能在成本控制多下點功夫的屋主，再適合不過。若主要是衛浴或廚具設備更換的工程，也可以委託設備商家。部分設備品牌在各地都有分店及展示間，方便就近委託也是優點之一。

如果有中意的裝修公司就參加看看吧！

# 裝修物件賞屋說明會報告

「似乎能夠實現理想呢！」如果找到合乎心意的裝修公司，
參加他們裝修完成的賞屋說明會，就是通往成功的捷徑。
接下來由編輯S詳細報告，賞屋說明會的採訪過程！

## 直接前往現場，賞屋說明會開始！

1

您好～
今天請
多多指教！
2

1.本日舉辦的說明會，是參觀這棟公寓大樓的其中一間房屋。雖然是低樓層，由於位於高台之上，遠眺的景色很美。　2.參觀房屋是「リノべる」員工自宅。因為屋主本人有工作，所以由公關宣傳的田尻小姐負責招待。她很積極地展示由自家公司裝修的員工住家。

## 本次參觀的是這間房屋！

After
Before
廚房
冰
客廳
陽台
餐廳
浴室
洗
盥洗台
寢室
玄關
LDK
陽台
浴室
洗
寢室
玄關
N

**Data**

| | |
|---|---|
| 家庭成員 | 情侶 |
| 屋齡 | 29年 |
| 室內面積 | 48.80㎡ |

這裡是本公司
員工的住家。
嗯嗯。

## 教授裝修房屋的技巧重點

一開始先聆聽工程內容及室內裝潢概念的編輯S。
說明會分為本次一對一的形式，以及5～6組一起參訪的方式。

這天參觀的，是位於神奈川縣橫濱市的住宅。從陽台就可以看見「Landmark Tower」的絕佳視野，非常了解住戶會選擇此間房屋的心情！

## 體驗實際空間 讓「妄想」成真！

編輯S正熱衷於自家公寓的裝修規畫。「拆除和室改為寬敞的客餐廚」、「玄關處用開放式層架取代鞋櫃」等，雖然願望不斷增加，卻不知道什麼最適合自己，遲遲無法進入選擇工程承攬廠商的重要步驟。為了讓裝修計畫繼續前進，於是參加了裝修公司「リノべる」的賞屋說明會。

即使是平常工作會前往讀者家中採訪的編輯S，參加裝修物件賞屋說明會時，又是完全不一樣的情況。將所有映入眼簾的空間幻想成「如果是我家……」，仔細品味（!?）了室內的每個角落，度過了收獲滿滿的時間。

好酷～
我也想這樣裝修～
3

## 一邊詢問在意之處
## 一邊仔細地進行參觀

## ENTRANCE

一進入玄關，視線前方就是宛如酒吧的時尚廚房！立刻令人感到興奮不已。左側的雅致木門後方是衛浴空間。

4

## LDK

3.利用無法拆除的牆壁，作為區隔前方客廳及後方餐廚的界線。
4.編輯S聽到這間房子的設計概念是「一邊小酌，一邊與朋友同樂的家」，立刻深表認同。 5.賞屋說明會提到「如何在全新的空間中搭配家具」的內容，也可以作為參考。

5

## SANITARY

盥洗台與廁所整合為一室，有效活用有限空間。
編輯S：「對於人數少的我家，或許適用……」

## BEDROOM

6.不同於完全封閉的獨立房間設計，以裝設室內窗的隔間牆作為寢室隔斷。能夠真實感受光線穿透空間深處的亮度。 7.寢室的輕隔間使用了木質的定向纖維板（OSB板）。「因為通常作為底材，原本以為會很粗糙，實際上看起來卻十分現代，很帥氣！」

這個就是
OSB 板啊。
7

6

# 編輯 S 實際體驗 賞屋說明會的優點

才第一次參加賞屋說明會，編輯 S 就說出了「如果無法決定要委託哪間裝修公司，就一定要參加賞屋說明會！」以下將介紹參加說明會的眾多優點！

## 1. 親身體驗實際空間

正所謂「百聞不如一見」。即使公司官網上詳細地介紹各個案例，實際親眼所見還是有很大的差異。也會有捨去「寢室一定要是獨立房間」、「廁所與盥洗台要分開」等刻板觀念。

「使用具有厚度的板材與上漆技術，就能打造出復古風格的吧台。」一邊看著實際物品，一邊聽田尻小姐流暢地解說。

## 3. 能看到建材及設備實物

木地板、磁磚、廚房設備及洗臉盆等，選用喜歡的材料及設備，也是裝修的一大樂趣。能確認實際使用於空間中的樣子，令人感到開心。

1.玄關落塵區採用小塊的六角磁磚，S說「感覺好像容易滑倒？但其實不會，反而能營造復古氛圍」。 2.不愧是喜歡舉辦聚會的住戶，瓦斯爐使用專業的4口爐，「檯面上的點火旋鈕很帥氣！」 3.使用橡木原木的地板。裝潢建材的樣品通常很小，實屋參觀的優點是能看到材料大面積使用的樣子。

## 2. 了解「空間比例感」

理所當然的，實際造訪現場就可以親身感受房間大小、樓高等空間尺寸。還能進一步知道，「〇坪的房屋，客餐廳能分配到多少空間」等，居住空間整體的比例分配。

無法拆除的牆壁局部，「高度足夠所以沒有什麼封閉感，反而有點像邊框，巧妙地在空間中取景。」

## 4. 獲得設計的創意靈感

參加賞屋說明會能發現很多裝修重點，例如：可以從木作家具等細節，了解裝修公司的設計能力如何。「請幫我製作與賞屋說明會〇〇宅裡相同的電視櫃！」也可能達成這樣的要求。因為雙方擁有相同的印象畫面，與負責窗口開會時也能更順利。

4.宛如時尚酒吧裡的懸吊櫃。黑鐵與木板的組合十分帥氣，裝設的高腳酒杯架也很方便。編輯S也說出了「想要這一整組！」的發言。 5.以木質板材打造腰壁風格的新鮮嘗試！得到了「原來也能像這樣運用材料」的靈感。

## 5. 能聽到屋主的裝修經驗真實感想

本次賞屋是參觀員工的房子，負責說明導覽的是公關，也有屋主會一起參與的說明會，能夠直接詢問屋主各種問題。可以直接聽取前輩分享裝修經驗，給予真實的建議，是不可多得的好機會。

### 說明會&參觀住家的注意事項

**☑ 遵守基本禮貌**

請不要忘記是屋主的好意才能參觀房屋。請勿隨意打開收納櫃門、粗魯對待家中物品等，要如同拜訪朋友家一樣，遵守基本的禮貌很重要。不過，伴手禮就不需要了。

**☑ 請勿隨意觸碰物品**

家具、雜貨、衣物等，請不要隨意觸碰屋主的私人物品。想要知道室內裝潢建材的觸感或設備機器的使用感覺時，請告知導覽的工作人員或屋主。

**☑ 請勿使用廁所**

初次見面就借用家中廁所，對方可能會有不太好的感覺。請在參觀前先上洗手間，尤其是一整天參觀多間房屋的「賞屋之旅」，更要特別注意。

**☑ 拍照前請告知**

就算只是當作個人用的參考資料，也要事先確認是否可以拍照。隨意將照片上傳社群軟體更是NG行為。

## 6. 個人喜好及需求逐漸成形

多參加幾次各個公司的說明會，透過實際走訪不同類型的住家，「與自己合得來的公司」或「自己追求的居住空間」也逐漸有了雛型。參加看屋說明會真的是成功尋找承攬廠商的祕訣。編輯S強力推薦！

6.「盥洗台四周想使用磁磚」編輯S先前提出的需求很籠統。「這種海軍藍的磁磚正是我理想中的樣子！」 7.玄關以開放式層架取代鞋櫃。原本擔心「沒有門看起來會不會很亂」，卻在這次參觀消除了疑慮。「但一定也是因為屋主的品味非常好吧（笑）」

攝影／西田香織

※「リノベる」的「住家賞屋說明會」相關資訊，請見該公司官網（https://www.renoveru.jp/）。

# 誠心感謝接受採訪的各協力單位

## 「スタイル工房」

**芝サユリ小姐**（經理）
**於保誠之先生**（總規畫師、一級建築士）

使用自然素材，施工實績豐富的設計・工程公司。每間宅邸都很用心規畫，連監工都由自家公司負責。從尋找建物房屋、資金計畫到維修都能協助的「一站式裝修」也很受歡迎。
https://www.stylekoubou.com/

## 「さくら事務所」

**山見陽一先生**（房屋檢驗師、一級建築士）

該公司於1999年開始，提供日本國內最初的個人不動產顧問諮詢服務。除了購買住宅時的房屋檢驗（住宅診斷・竣工檢查），還提供以第三方專家立場給予裝修諮詢建議的服務。
https://www.sakurajimusyo.com/

## 「ライフアセットコンサルティング」

**菱田雅生先生**

1969年出生於東京。大學畢業後，任職於證券公司、金融管理顧問公司，之後自行創業。主要從事金融理財相關的諮詢及文章寫作、研討會講師等。也擔任指導提高記憶力的腦部使用方法「ACTIVE BRAIN SEMINOR SEMINAR」活動講師。

## 「空間社」

**朝倉美由紀小姐**（負責人、一級建築士）

考量「設計」、「實用性」、「成本」的平衡，透過重新建構的居住空間，提出新生活的設計方案。該公司也提供協尋適合裝修物件的服務。
https://www.kukansha.com/

國家圖書館出版品預行編目資料（CIP）資料

中古公寓變身風格好宅的基本法則 / 主婦之友社編著. - 初版. - 新北市：良品文化館出版：雅書堂文化發行, 2020.06
面； 公分. -（手作良品；92）
ISBN 978-986-7627-25-4(平裝)

1.房屋 2.建築物維修 3.家庭佈置

422.9 109007133

手作良品 92

# 中古公寓變身風格好宅的基本法則

作　　者／主婦之友社◎編著
譯　　者／楊淑慧
發 行 人／詹慶和
選 書 人／蔡麗玲
執行編輯／蔡毓玲
編　　輯／劉蕙寧・黃璟安・陳姿伶・陳昕儀
執行美編／陳麗娜
美術編輯／周盈汝・韓欣恬
出 版 者／良品文化館
發 行 者／雅書堂文化事業有限公司
郵政劃撥帳號／18225950
戶　　名／雅書堂文化事業有限公司
地　　址／220新北市板橋區板新路206號3樓
電子信箱／elegant.books@msa.hinet.net
電　　話／（02）8952-4078
傳　　真／（02）8952-4084

2020年06月初版一刷　定價 420元

マンションリノベーションの基本
© Shufunotomo Co., Ltd. 2016
Originally published in Japan by Shufunotomo Co., Ltd.
Translation rights arranged with Shufunotomo Co., Ltd.
Through Keio Cultural Enterprise Co., Ltd.

經銷／易可數位行銷股份有限公司
地址／新北市新店區寶橋路235巷6弄3號5樓
電話／（02）8911-0825
傳真／（02）8911-0801

版權所有・翻印必究
（未經同意，不得將本著作物之任何內容以任何形式使用刊載）

Staff

藝術總監
武田康裕（DESIGN CAMP）
設計
渡邊えり子（DESIGN CAMP）
宇澤佑佳（SOY）

平面圖
長岡伸行

插圖
石山綾子

採訪・撰文
後藤由里子（Part 1、2、5）
高橋由佳（Part 3）
平井聰美（Part 5）
西谷友加里（Part 5）

編輯協力
石野祐子、小沢理惠子、加藤登美子
佐佐木由紀、西脇壽世、水谷みゆき

校正
荒川照實、佐藤明美

編輯助理
小田惠利花

責任編輯
志賀朝子（主婦之友社）